U0363147

谨以此书献给

新中国成立 70 周年

南水北调东、中线一期工程全面通水 5 周年

龙腾中国

南水北调纪行

赵学儒/著

经济日报出版社

南水北调线路示意图

黄

汀

西线

图书在版编目（CIP）数据

龙腾中国：南水北调纪行／赵学儒著 . -- 北京：
经济日报出版社，2019.3
ISBN 978 - 7 - 5196 - 0506 - 3

Ⅰ . ①龙… Ⅱ . ①赵… Ⅲ . ①南水北调－概况 Ⅳ.
①TV68

中国版本图书馆 CIP 数据核字（2019）第 049093 号

龙腾中国——南水北调纪行

作　者	赵学儒
责任编辑	肖小琴
责任校对	薛银涛
出版发行	经济日报出版社
社　址	北京市西城区白纸坊东街 2 号 A 座综合楼 710
邮政编码	100054
电　话	010 - 63584556（编辑部）
	010 - 63538621　63567692（发行部）
网　址	www. edpbook. com. cn
E - mail	edpbook@ sina. com
经　销	全国新华书店
印　刷	中国电影出版社印刷厂
开　本	710×1000 mm　1/16
印　张	18.5
字　数	250 千字
版　次	2019 年 4 月第一版
印　次	2019 年 4 月第一次印刷
书　号	ISBN 978 - 7 - 5196 - 0506 - 3
定　价	60.00 元

版权所有　盗版必究　印装有误　负责调换

建议你，如果有条件，走走南水北调沿线，探究人与水相生相克的秘密，触摸新中国水利前行的脉搏，感受世界最大调水工程的雄奇，聆听工程建设及其背后的故事，领略路上风光风情风物风采的美妙，南水北调工程及沿线的建筑、人文、生态、地理以及发展之美，令人心醉。

你可先漫步时间隧道，更解南水北调之意。

1952 年，新中国百废待举、百业待兴。毛泽东在黄河边说："南方水多，北方水少，借一点也是可以的。"我曾探问，他为什么提出调水的设想？十余年跟踪报道，十余年记录书写，必须思考这个问题。

可解释为，我们从农业大国走来，水一直起着命脉的支撑作用。水旱灾害，始终是我们的心腹之患。水问题是中华民族无数仁人志士的牵挂，治水是历朝历代至重至伟的大业。作为推翻"三座大山"、建立新中国的共产党人，有决心、有信心、有能力，除水害、兴水利，实现江河安澜、国家安定。

新中国成立前后，除水害、兴水利依然是重中之重。

1934 年 1 月 23 日，在江西瑞金召开的第二次全国工农代表大会上，毛泽东发出"水利是农业的命脉"的伟大号召，深刻阐明水利在农业生产中的重要地位。

1942 年底，他在边区高干会议上作报告时，提出把"兴修有效水利"列为提高农业技术的首位。

1945 年 1 月，他指示："协助农民改旱地为水地。"同年 4 月，他在《论联合政府》中指出，解放区民主政府领导全体人民开展治水等伟大运动，使抗日战争能够长期地坚持下去。

1948 年，他指示：全党要"兴修水利，务使增产成为可能"，要"做好兴修水利的计划"。

1949 年新中国成立，当抗日战争和解放战争的硝烟刚刚散去，大江大河泛滥成灾的阴影又笼罩在心头。

毛泽东先后发出治理江河的伟大号召：

"一定要把淮河修好！"

"要把黄河的事情办好！"

"一定要根治海河！"

……

1950 年年末至 1960 年年初，以治淮为先导，我国开展了对海河、黄河、长江等大江大河大湖的治理，治淮工程、长江荆江分洪工程、官厅水库、三门峡水利枢纽等一批重要水利设施相继兴建。

改革开放特别是 1990 年后，水利投入大幅度增加，江河治理和开发步伐明显加快，长江三峡、黄河小浪底、治淮、治太等一大批防洪、发电、供水、灌溉工程开工建设。

1998 年长江大水后，长江干堤加固工程、黄河下游标准化堤防建设全面展开，治淮 19 项骨干工程建设加快推进，南水北调工程及尼尔基、沙坡头、百色水利枢纽等一大批重点工程相继开工或建成。

三峡工程发挥效益……

新中国走过 70 年历程。70 年，大江大河得到治理，江河安澜之梦基本实现；大中小型水库星罗棋布，防洪蓄水发电愿景成真；解决数亿群众的饮水困难，肩挑车载的运水场景渐渐远去；保水保土持续发力，绿水青山款款走来……

南水北调，峭立新中国蓬勃发展的潮头。

1954 年，长江发生特大洪水，毛泽东下定决心："除掉长江洪水这个心腹之患。"年末，他让"长江王"林一山专程到北京，汇报三峡工程和南水北调情况，要求林一山有进展及时向他报告。不久，林一山把《南水北调报告》寄给了他。

1958 年 3 月 8 日，成都政治局扩大会议之后，中共中央继而下发了《关于水利工作的指示》，强调："全国范围的较长远的水利规划，首先是以南水北调为主要目的，应加速制定。"

"南水北调"一词第一次出现在中央文件中。

自此，开启南水北调长达 50 年的勘测、规划、设计、论证征程。历届党和国家领导人，无数的部门、地方领导，成千上万的水利工作者在这条推动民族复兴的路上忠诚担当、探索求实、团结创新。

"南水北调大事记"记录：

2002 年 10 月 10 日，中共中央政治局常务委员会审议并通过了经国务院同意的《南水北调工程总体规划》；

2002 年 12 月 23 日，国务院正式批复《南水北调工程总体规划》；

2002 年 12 月 27 日，南水北调工程开工典礼在北京人民大会堂，山东、江苏施工现场同时举行。

2013 年 11 月 15 日，南水北调东线一期工程正式通水；2014 年 12 月 12 日，南水北调中线工程一期工程正式通水。

习近平作出重要指示，强调南水北调工程是实现我国水资源优化配置、促进经济社会可持续发展、保障和改善民生的重大战略性基础设施。他指出，南水北调工程功在当代，利在千秋。希望继续坚持"三先三后"的原则，加强运行管理，深化水质保护，强抓节约用水，保障移民发展，做好后续工程筹划，使之不断造福民族、造福人民。

……

走过时间隧道，再行南水北调沿线。

南水北调工程分东线、中线、西线三条调水线路，分别从长江下游、中游、上游调水。沿着这三条线路行走，还可以遇到淮河、黄河、海河，这就是全世界都关注的"四横三纵"中华大水网。它可以实现"南北调配、东西互济"的愿景，解决我国水资源不均的问题。

至于你先走哪条线路，从头到尾或从尾到头，当然自己决定。

如果你走东线工程，不妨从长江下游扬州江都泵站开始。可吟着"烟花三月下扬州"的诗句，享受扬州江都泵站的独特之美。东线工程就是从这里抽引长江水，利用大运河及与其平行的河道逐级提水北送的。一路北上，感受"水往高处流"的别样情怀，饱览洪泽湖、骆马湖、南四湖、东平湖的湖光山色。过了东平湖，就"一个人不能同时踏足两条河流"，只能分道扬镳，因为一路在位山附近穿隧洞过黄河，输水到天津；另一路向东，通过胶东地区输水干线经济南输水到烟台、威海。

全部行程约 1500 公里，行走时间要根据徒步、骑行或乘车而定。

东线工程既然利用了大运河及与其平行的河道，我感觉应将大运河与南水北调交叉来写。大运河与南水北调有太多的不同。从隋炀帝开凿运河至今，是一条更漫长的时间隧道，其中有劳动人民的汗水和血水，也有中华民族的智慧和辉煌。直到今天，大运河焕发了新的生机和活力。写作过程中竟发现，大运河与南水北调是一种千余年、千余公里的接力，是从衰败来到复活，从昨天走向明天的时空长廊。但愿书中的描写，不会给你太多的沧桑和凝重。

那么，行走中线工程或许更畅快。中线工程从丹江口水库陶岔渠首引水，沿线开挖渠道，经唐白河流域西部过长江流域与淮河流域的分水岭方城垭口，沿黄淮海平原西部边缘，在郑州以西李村附近穿过黄河，沿京广铁路西侧北上，自流过河南、河北到北京、天津。沿线，淙淙江水一路北上，两岸绿植夹道迎送，巨大渡槽横空出世，输水隧洞穿河入地，豫京津冀娓娓讲述不一样的故事。

与中线之水同行，全程需要半个月的时间。

写中线工程，从源头到尽头，从工程到生活，从城市到农村，从河流到湖泊，着力记录人与自然和谐共生的美好。我也发现，人与自然的关系，完全取决于人对自然的态度，而非自然对人的态度。"丹江口水库"是水利工程的冠名，湖北人叫她"太极湖"，河南人叫她"丹阳湖"，我觉得她叫"丹心湖"才是最美的。她是世上最美的湖，不仅仅是风景，因为还有故事，还有精神。她不仅是南水北调中线的源头，也是诸多故事和那种精神的源头。而北京，引来的不仅是长江水，还有破解国际大都市缺水问题的"灵丹"，或叫"中国智慧""中国经验"。

而汇入"丹心湖"的琼浆玉液中，更有陕西、湖北人民的滔滔情怀。

陕南，地处秦巴山区，山高坡陡、土层浅薄、地质构造复杂，加之暴雨强度大、人为活动频繁，水土流失十分严重，是长江流域水土流失最严重的地区之一。当它在丹江口水库上游，作为南水北调中线工程主要水源地的时候，大量的水土流失到汉江之中。而汉江，不仅是陕南等地的母亲河，也是北方诸省市的生命源。汉水之忧，成为南水北调工程成败的"关键"之一。确保一江清水北送，成为陕南人民的神圣使命！汉江水，竟占到丹心湖水量的70%。陕西人民，无疑是南水北调送水英雄之一。

滔滔汉江水，出陕入鄂，从陕西安康白河县流入湖北十堰市。千百年来，十堰人民享受汉水的恩泽，随着南水北调工程的实施，十堰人民感到，他们不只是"享受"，还要"奉献"。汉江从十堰市进入丹心湖，他们还把丹心湖叫成"太极湖"，且赞不绝口，如数家珍。由绿水青山组成的"太极湖"，就是他们的生命湖。他们像爱护自己的生命一样爱护"太极湖"，爱护南水北调工程。

如果能行走西线，一定是你的幸运，因为西线工程还在论证阶段。在长江上游通天河、支流雅砻江和大渡河上游筑坝建库，开凿穿过长江与黄河分水岭巴颜喀拉山的输水隧洞，调长江水入黄河上游等地区。无数人期待和向往的，是沙漠变绿洲，荒野变良田的美景。

当然，在西线工程开工前，能沿基本路线走一遭，或许也是人生特立独行……

走过时间隧道，畅行南水北调沿线，倾听一渠清水执着北上的故事：

她，讲述大功告成的实例。

至此，南水北调东、中线累计调水超过 200 亿立方米，供水水量还在持续快速增加。调水之梦，梦想成真。在北京，形成一纵一环输水大动脉，密云水库成了丰盈的"大水缸"，南水成了国际大都市的"血脉"，万里长江与千年古都结缘，抒写前无古人的杰作，唱响民族复兴的诗篇；在天津，形成一横一纵、引滦引江双水源保障的供水新格局，引江、引滦相互连接、联合调度、互为补充、优化配置、统筹运用，南水成了天津名副其实的"生命线"；在河南……在河北……在山东……流水淙淙，滋润万物。

欢快的流水中，"水质达标""支撑发展""修复生态"等语句汩汩流淌……

她，描绘利在千秋的景致。

正值冬季，大地凝冻，薄水结冰，滹沱河、滏阳河、南拒马河却格外欢兴。水利部、河北省正联合开展华北地下水超采综合治理河湖地下水回补试点，向这三条重点河段补水。华北，全世界最大的地下水超采漏斗区。曾经，楼房越盖越高，地下水却越来越深；城市越来越美，水却越来越脏；收入越来越多，地表水却越来越少。建设生态文明，把子孙后代的"生命之源"还给他们，或是回补地下水的深层意义。南来的长江水，不仅滋润当代，必将泽被后人。

曾连续生态补水，使诸河生机再现……

她，守护上善若水的初心。

南来的长江水，昂首阔步步入新时代。继续坚持"先节水后调水、先治污后通水、先环保后用水"的原则，落实"节水优先、空间均衡、系统治理、两手发力"的方针，坚持"水利工程补短板、水利行业强监管"的改革发展总基调，强抓工程管理和安全运行，保一渠清水清如许，保工程安全安似山，保工程效益益万物、益千秋。

上善若水，水到渠成、成己成物……

在南水北调开工礼炮的召唤下，我决然辞去原单位的"小官"，毅然"漂"上新闻、文学之路。行走在机关和工地，行走在建设者及移民中间，行走在白天黑夜和风中雨中及烈日下，了解、见证、记录南水北调的进程。这部南水北调系列长篇纪实作品，或能与你一起，赏其梦成真的倩影——匍匐辽阔大地，绕过高山峻岭，越过江河大川，穿梭繁华之城，安步幽静乡村；阅其新时代的风采——与祖国绿水青山欢歌劲舞，为数亿人送雨露、送甘霖、送金山银山。

选择文学是一生不离不弃的事。

行走江河，记录时代印记；以水为墨，书写中国故事。从不惧艰难，积极探索，发人之未见，记事实真相，到为人生著史，为文学留典，努力创造自己的个性价值，实现真实精简表达；近年致力于非虚构作品书写，恪守"真实是新闻生命"的原则，坚信"非虚构作品用'脚'写出来"的道理，实现"真善美"的弘扬。

南水北调工程给了这样的机会。

至此，已有《向人民报告——中国南水北调大移民》（中英文版）、《圆梦南水北调》《血脉——南水北调北京纪事》《龙腾中国——南水北调纪行》四部长篇、《南水北调大移民——河南卷》《圆梦者之歌——南水北调奉献者纪事》两部中篇、《水往高处流》《从此共饮一江水》《南水北调出梦来》等短篇纪实作品出版，但愿能给你更多的文学阅读、知识的掌握及资料的积累。

　　本书正式出版时，南水北调东中线一期工程已全面通水五个年头，新中国迎来七十华诞，中国特色社会主义进入了新时代。生命之水，再担重任。南水北调，大国重器，舍我其谁！

　　起名"龙腾中国"，意指南水北调通水后，进入运营阶段，当发挥效益。《辞源》云"龙是古代传说中的一种善变化能兴云雨利万物的神异动物，为鳞虫之长"；《辞海》又云"龙是古代传说中一种有鳞有须能兴云作雨的神异动物"。龙象征着吉祥、善行和有为，象征着忠诚、干净和担当，象征着科学、求实和创新……喻"龙"，也是一种期待。

　　日月经天，江河行地。龙腾中国，复兴可待。

　　我们共期待！

　　是为序。

2019 年春

CONTENTS

第一部

龙行南北
—中线记事

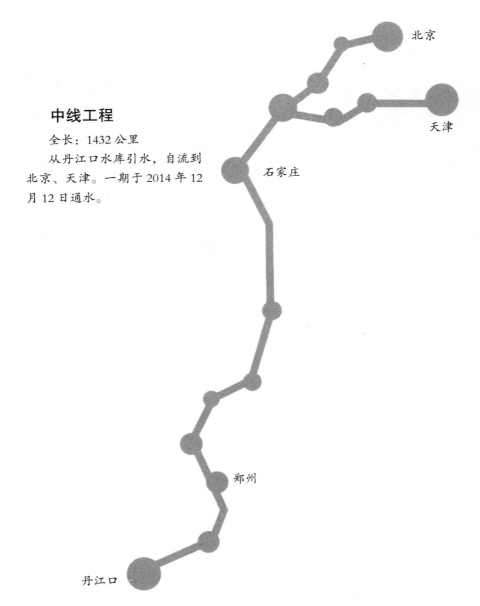

中线工程

全长：1432 公里

　　从丹江口水库引水，自流到北京、天津。一期于 2014 年 12 月 12 日通水。

北京

天津

石家庄

郑州

丹江口

第一章

打捞湖里的故事

1

丹江口水库，居淅川县和丹江口市交界处，出伏牛山和武当山之叠嶂，展高峡平湖、天成地平之姿。湖水幽蓝，静如处女，涟漪微荡，动若翩跹。四周的大山，汉子般张开双臂，绷紧紫色肌肉，将她揽入怀中。丹江和汉江，犹如两条飞龙，淫嚣跳跃，奔波至此，聚水成湖。

湖北人愿叫她"太极湖"，河南人愿叫她"丹阳湖"，本文倾向叫"丹心湖"。

从太空俯视，似天地倒置。繁星闪烁，乃万千湖泊，泛亮晶晶的光。书里的湖名，密密麻麻爬到地球上。青海湖、鄱阳湖、洞庭湖、贝加尔湖、马拉维湖、苏必利尔湖、维多利亚湖、坦噶尼喀湖……姿态各异，各领千秋。

《水经注》《山海经》，都有记载。丹江，上古时代，尧时称丹水，民间或叫丹河、丹渊，或叫赤水、粉青江。陕西境内，名州河；淅川境内，曰淅江；丹江口段，旧称均水。她是汉江的长女，在秦岭南麓呱呱坠地，蹒跚学步。

山峰竞高，幽谷争深，林草赛茂。山洞边、木牌上，"丹江源"红漆大字，告知这里是她的故乡，这里是她生命的港湾，这里是她的初心所在。清泉，仰望天空，匍匐大地，细细、涓涓、汩汩，经悠久历史的滋养、千山万壑的锤炼，长大。

她和汇聚而来的银花河、武关河、南秦河、淇河、老灌河、石鼓河、白石河，形成滔滔巨流，切山谷，跨山涧，昼夜兼程，春不停、夏不止、秋不息、冬不眠，急急匆匆，赶到丹江口，接受人类的安排。

水并不是完全上善的，老子的"上善若水"只是人类的单相思。其实，水的本质也有恶的一面，小恶成灾，大恶成患。陕西省志黄纸黑字写明，丹江流域暴雨多发，洪水泛滥，泥沙俱下，残害生命，吞噬粮田，恶莫大焉。

丹江如此，汉江亦是。

2

水的尽头，是源。秦岭南麓，汉江有三个源，分为漾水、沮水、玉带河。陕西省志又说，漾水为正源，在宁强县北嶓冢山，亦曰东汉水。东经勉县为沔水，纳褒水始为汉水。源处有碑，标明是禹王宫遗址，古称嶓冢洞，唐朝始建，明朝重修。

嶓冢山，黛色山峦，势孤耸，云飞横。

作为长江的长女，汉江与长江、淮河、黄河齐肩，称"江淮河汉"，可见这女子很重要。她经陕西，入湖北，揽褒河、任河、旬河、夹河、堵河、南河、唐白河入怀，溪流成江。山高坡陡谷深，驱轮发电、开机灌溉，美山美水，善哉；也脾气暴躁，贻害众生，恶也。

站在汉口龙王庙处，可见汉水清绿，长江水浑黄，现"泾渭分明"奇观。史书记载，武汉是个洪涝灾害深重的城市，曾"激流高一丈，白沙淤九尺""流两千余家""平地三尺水""风影走高楼""漂民庐舍""水溢为患""洪水进城，道可行舟，民不聊生"。

老子在《道德经》第八章说：上善若水。水善利万物而不争，处众人之所恶，故几于道。居，善地；心，善渊；与，善仁；言，善信；政，善治；事，善能；动，善时。夫唯不争，故无尤。意思是说，最高境界的善行就像水的品性一样，泽被万物而不争名利，处于众人所不注意地方或者细微的地方，所以是最接近道的。

在道家学说里，水为至善至柔；水性绵绵密密，微则无声，巨则汹涌；与人无争却又容纳万物。

其实，水也是放纵的。

它放纵了欲望，侵蚀土地，吞并村庄，让地球一片汪洋；它放纵了丑态，切山为谷，划地为壑，草菅人命，让世界哀声呼号；它放纵了恶行，为所欲为，肆意流荡，泥沙泛滥，让人类心惊胆战；它放纵了虚荣，纵身为瀑，躬身为涛，怒而起浪，默而死寂，让天地为之动容。

自从有人类起，水就不让人安生。在尧年代，洪水横流，四处游荡，大地成为龙蛇的住所，百姓没有安身之处。低地的人在树上搭巢，高地的人挖洞居住、生食树叶树皮树根维生。至今，没谁能统计史上有多少水灾，更没谁计算出多少人葬身鱼腹。

西方的诺亚方舟，东方的大禹治水，一次次讲述人类摆脱洪水困扰的故事。1949 年新中国成立后，中国人民向泛滥的大江大河宣战，一定要把淮河修好、要把黄河的事情办好、一定要根治海河，成为一个时代的强音，成为人民自力更生、顽强不屈、奋发图强的标志。

3

1958 年秋，丹江与汉江交汇处，白天人山人海，红旗招展，夜晚号声震荡，火把通明。河南湖北的 10 万民工，挑干粮、扛铁锹、拎大锤、推小车、划木船，到此劈山填河。他们，昂头挺胸，脚步铿锵。他们高喊"敢教日月换新天"的豪言，双手筑起顶天立地的丹江口大坝。

1974 年，丹江在此驻足，汉江在此留步。丹江口大坝如出水的蛟龙，雄踞在两山之间。丹江口水库，汛期能拦洪，使咆哮的洪水变得温柔；丰水期可蓄水，以备枯水期之用；水力还可发电，把光明送到千家万户，把能量送到工厂车间、田间地头。

丹江和汉江在这里得到"升华"。

洪水来了，水库管理人员披着雨衣到坝上，或关闸蓄水，或提闸浇地、发电；水面，湛蓝湛蓝，清风瑟瑟，涟漪微漾。清晨，朝阳淌着露珠冉冉上升；傍晚，夕阳挟着余晖缓缓落下。小船上的渔家，张网捕捞，鱼儿在网中蹿跳。岸上，绿树连荫，柑橘似灯，炊烟袅袅。

水，只有顺应人类的合理诉求，才是上善的！

人类的智慧，像江河一样涌动，像丹江口大坝一样在提升。2005 年 9月 26 日，丹江口大坝加高工程开工；2010 年 3 月 31 日，大坝加高到 176.6米设计高程；2014 年年末，丹江和汉江之水越过黄河、淮河、海河，踏上北方干渴的大地。

甘泉北上，似一队温顺的绵羊，乖乖往前走。游人前来，络绎不绝。丹心湖南侧是湖北十堰市，丹江口市与她揽腰；北侧是河南南阳市，淅川县和她搭背。她不仅有优美的自然景色，还有悠久的历史、灿烂的文化、杰出的人士、生动又充满哲理的故事。

更有建设过程中奉献者的汗水和心血。

4

丹江口市，古代叫"均陵"，或"均州"，在历史上，夏、商已为封地，武王伐纣、西周封藩时，曾属麇国。在战国烽烟中，麇为楚灭，又辖于楚，因境内有"均水"，故称之为均陵；到秦汉时代，以山水气候、风土人情，设置武当县。隋开皇五年改为均州，至民国元年改称均县，直至1983年改市至今。

再版《均州志》序二写道，据近年专家对河南新蔡葛陵楚墓新出土的文物竹简文字考证，楚国最早的国都设在均陵，曰：过去我的先辈出自均陵，往居沮、章流域，又选择迁居在郢。唐代司马贞也在《史记·索隐》记载，"楚都在今均州"。修建丹江口水库时，曾在楚国贵族古墓中发掘大量顶级国宝文物。

如今，楚都已经被淹没在湖中，许多文物浓缩在丹江口博物馆内。

在漫长的历史长河中，均州曾称名华夏，地灵人杰。周之尹喜，汉之阴长生，晋之谢允，唐之吕纯阳、孙思邈，五代陈抟、宋之寂然子、元之张守清、明之张三丰等著名道家人士在此修炼。更有许多名人学士诸如沈括、苏辙、李时珍、徐霞客、魏良辅等人，在这片神奇的土地上留下闪光的足迹。

因为有了丹心湖，很多故事更受人关注。

永乐十年，明太祖朱棣动用江南九省钱粮贡赋，役使近30万工匠，历时12年，建成从均州城净乐宫到武当山绵延数十里的建筑群，可谓"五里一庵十里宫，丹墙翠瓦望玲珑。楼台隐映金银气，林岫回环画镜中"，其图画气势恢宏。均州城一度成为全国宗教、文学艺术、民风民俗的汇聚地。

明史有"北建故宫，南建武当"之说。方圆八百里武当山，林海墨染，山峦逶迤，曲径通幽，仙烟缭绕，正是"亘古无双胜境，天下第一仙山"，又"非真武而不足以当此山"。元人有诗赞天柱峰："七十二峰接天青，二十四涧水长鸣。""北崇少林、南尊武当"，成为中华武术传奇。

武当山是世界文化遗产，是国家重点风景名胜区，是道教名山和武当拳发源地。其宫观、道院、亭台、楼阁等宏伟的古建筑群，遍布峰峦幽壑，历经千年，沐风雨而不蚀，迎雷电竟未损，似是岁月无痕，堪称人间奇绝。

游人至此，听"仙乐"，闻"梵音"，感受武当山天机妙趣和透脱通达的胸怀。山，不仅雄奇，且妩媚；水，汩汩流淌，又静谧；雾，冉冉生腾，却凄婉……在此，人生无比高远、无限宽阔。千百年来，游人心荡神迷、流连忘返……

2012年，这里又出现了令国人自豪的世界奇迹。

南水北调工程实施，遇真宫仅存的遗迹又处在生死存亡的边缘。由于丹江口水库大坝需要加高扩容，库区水位从157米升到170米，一半的遇真宫将被水淹没。一份吉尼斯世界纪录证书写道：在2012年8月15日至2013年1月16日期间，中国湖北省武当山遇真宫古建筑群中宫门、东宫门、西宫门被整体顶升15米，建筑物顶升高度最高。

遇真宫"长高"之后，又进行了修缮和恢复，破旧的宫殿焕然一新，周围绿树、鲜花缠绕。新生的遇真宫处在三面环水的人工半岛上，背靠凤凰山，三面被丹江口水库围绕，呈现"古殿出平湖"的壮观景象。

丹心湖，波荡漾；遇真宫，人游动。

站在武当山制高点，远远望见一条叫"沧浪河"的水流，如一条白色的链子，来往于高山之间，匍匐在平地行走，弯弯曲曲。透过历史的回音壁，"沧浪之水清兮，可以濯我缨；沧浪之水浊兮，可以濯我足"。那首《孺子歌》犹在耳边回荡。

沧浪，水名，即《水经注》所记涢水，春秋时又名清发水。

《孟子·离娄》中说孔子听到孺子唱这首歌，"小子听之！清斯濯缨，浊斯濯足矣，自取之也。夫人必自侮，而后人侮之；家必自毁，而后人毁之；国必自伐，而后人伐之"。孔子还引用了《尚书·太甲》中的一句话："天作孽，犹可违；自作孽，不可活。"

《楚辞·渔父》中写屈原在"众人皆醉"的情况下"独醒","众人皆浊"的情况下"独清",因而遭到放逐。隐者渔父"不凝滞于物而与世推移",对事物抱着无可无不可的态度,他劝屈原随波逐流,屈原不听,他便唱着这首歌鼓枻而去。后来屈大夫执着地跳入汨罗江中,让长流水表达他的情怀。

孔子将人的品性喻为"水",只有你"清",人们才拿来"濯缨";如果你"浊",人们就用来"濯足"。渔父是将世事喻为"水",水之清浊人不能制,但人可以根据水的清浊来决定自己的行为。自4000年前大禹沧浪治水,至举世瞩目的南水北调工程,中华民族却一直是兴水利除水害的过程,即抑恶扬善的过程。

5

曾经桀骜不驯的丹江和汉江,在丹水湖变成了乳汁和甘霖。丹水湖的北面,是河南淅川县。70万年前这里就有人类居住,湖畔的王岗遗址是与龙山文化同时代的人类遗址,具有2000多年建县历史。楚国800多年的历史,有400多年建都在淅川;45位楚王,23位在此。

也许是南北文化在此交汇的缘故,这里的文化底蕴深厚。春秋末期的政治家、军事家和经济学家范蠡,忠以为国,智以保身,商以致富,成名天下;南北朝史学家范晔著《后汉书》;南朝思想家范缜写《无神论》。近代诗人余杏雨、水利专家朱华航、医学家阎仲彝等皆生于斯、长于斯。他们在历史长河中,闪烁着灿烂光辉。

淅川县位于豫、鄂、陕三省交界处,因地势险要,易守难攻,有"中原未战,淅境兵动"之称。淅川古城以东的岵山,曾是屈原写下《国殇》的伤心地,战国时期秦楚在此决战,楚军有八万头颅被斩。"武关道"又名"商山路",是关中与江汉的重要通道,曾狼烟迭起,商贾如流。

唐朝诗人白居易《登商山最高顶》诗曰："高高此山顶，四望惟烟云，下有一条路，通达楚与秦。或名诱其心，或利牵其身。乘者及负者，来去何云云。我亦斯人徒，未能出嚣尘，七年三往复，何得笑他人！"

如今，暗淡了刀光剑影，远去了昨日繁华。丹心湖，格外宁静。白天，她与灿烂的阳光呢喃；夜晚，她对着明洁的月亮梦呓；春天，她映出满山的翠绿；夏日，她带来一丝凉意；深秋，她拥抱沉甸甸的果实；隆冬，她和零星的雪花嬉戏。

她的理想是到祖国的北方去，无声润物。

因为有个丹心湖，陶岔村引起世人瞩目。陶岔渠首工程是南水北调中线工程的"水龙头"，湖水就是从这里开始北上。一块圆溜的石头上，红红地写着"渠首"两个大字，紫黄色的启闭机吊起几"善"门，善水欢快地流进大渠，向远方流去。

丹江和汉江在此得到升华。湖水出了闸门，眼界豁然开朗。"于显乐都，既丽且康！陪京之南，居汉之阳。割周楚之丰壤，跨荆豫而为疆。"东汉张衡的《南都赋》，细致入微地描述了南阳的历史。

他写了家乡的崇山峻岭、激浪长河、山明水秀、宜人景色、珍宝矿藏、丛笼树木、走兽飞鸟、水族龙蛇、瓜芋菜蔬、山果香草、厨膳佳肴、历史渊源、宫室旧庐、先朝遗风、皇家气魄、人事变迁、德风功业，是今人扼腕惊叹的艺术长卷。

他不仅是发明地动仪的天文学家，还是一位情感交融的文学家。

难怪，如今的南阳活跃着一个享誉国内外的作家群。二月河先生，居住南阳，却一览中华大地，活在当下，又仰望历史长河，康熙大帝、雍正皇帝、乾隆皇帝，尽收笔端。《四库全书》记载南阳历史人物800多位，足以说明这里人才辈出。

百里奚从此地西进，为秦国强大且统一中国的基石；光武帝刘秀发迹于此，书写了骑牛从军到最终称帝的一段历史；诸葛亮"躬耕于南阳"，谈笑间知三分天下，持羽扇定三国风云。

在南阳，还有一位享有世界声誉的民族英雄。公元前138年和公元前119年，张骞先后两次出使西域，开拓丝绸之路，打开了我国与中亚、西亚、南亚乃至通往欧洲的陆路交通。也因此，张骞被封为博望侯，侯国国都在南阳市方城县博望镇。《史记·大宛列传》："然张骞凿空，其后使往者皆称博望侯。"

如今，在博望镇还生活着张骞后裔，他们家家张贴列祖列宗牌位和对联，逢时祭拜。

丹江汤汤，白河滔滔，淮水悠悠，伏牛茫茫，桐柏巍巍。早在四五十万年前，"南召猿人"就在这片土地上繁衍生息，南阳因此成为中华民族文化重要的发祥地之一。新建或修缮的武侯祠、医圣祠、汉画馆、张衡馆、南阳府衙、内乡县衙，延续了南阳历史文化的博大精深，张扬了南阳人文精神。

6

桐柏山是中华大地上一座英雄的山。

在这里，山青水清，层峦叠嶂，密林幽深，奇花盛开，泉水叮咚，瀑泉飞溅，既有北国山体的雄浑，又有南疆风光的秀丽。自开天辟地、三皇五帝到如今，普天下最大英雄、开天地者"盘古"就出在这里。孙悟空的祖籍也在桐柏山，那句"俺老孙回花果山、水帘洞去也！"就是说的回桐柏山老家去。

打天下，创基业，桐柏山乃革命根据地之一。高高矗立的广场纪念碑上，"桐柏英雄永垂不朽"几个金字，记录了老一辈革命家建立鄂、豫、皖根据地过程中，淮源星火、红旗漫卷、抗日烽火、中原伟业、桐柏霞光的系列事迹。根据长篇小说《桐柏英雄》改编的电影《小花》，"妹妹找哥泪花流"之歌，悠扬传唱。

桐柏山是千里淮河的发源地。淮河被尊为华夏之"风水河"，与黄河、长江、济水并称为我国古代的"四渎"。帝尧时代，洪水滔天，良田被淹，民不聊生，其中就有淮河做的恶。大禹治理淮河，曾三次进出桐柏山，制服水蛟巫支祁，将其用铁链锁入淮源井内石柱上。

《史记》记载："导淮自桐柏，东会于泗、沂，东入于海。"至今，石柱上刻有"禹王锁蛟处"字样。

大禹治水已成历史佳话，南水北调再现当代传奇。

1952 年 10 月，秋风起，水流急。新中国的一位领袖，望着滚滚波涛，站在逝者如斯的黄河边，说："南方水多，北方水少，如有可能，借点水来也是可以的。"1953 年春，他又说："北方水少，南方水多，能不能把南方的水调一部分到北方？"从此，开启了一个伟大的调水梦。

他关于"调水"的一句话，揭示了我国水资源的特征，揭示了水与人类的关系。早在 1953 年 2 月 9 日，他意味深长地说："水治我，我治水。我若不治水，水就要治我。我必须治水！"那时，作为国家主席，他说的"我"字，不是他个人，也不只是中国，而是整个人类。

7

水不仅能载舟，也会覆舟。

南水北调，就是利用丹江和汉江，改变它们的坏脾气，也改变了它们数千年来汇入长江，继而付之东流、逝者如斯的宿命。它们在丹江口获新生命，掉头北上，造福日益饥渴的北方苍生。丹心湖，就是北京、天津、河北、河南等苍生的大水缸，就是他们的生命源头。

半个世纪，经济、社会、环境、农业、水利等无数科技工作者，参与了规划、勘测、设计和论证工作；十余年建设，水利、公路、铁路、电力、环保等建设者，齐心合作，日夜征战，攻克了诸多艰难险阻，架起千余里的人间天河。他们的身姿，如耸立的高山，似参天的大树，永远站在丹心湖中。

丹心湖的倒影中，还有一个特殊的人群，成为中华民族的骄傲。他们的血脉中，流淌着大爱的基因；他们的脚印里，装满了忠诚和责任。他们，就是水利移民。当数十万人浩浩荡荡离别故土的时候，他们咏着"有一种血缘叫故土，有一种回望叫酸楚，有一种舍弃叫奉献，有一种别离叫幸福"，而远徙他乡，为国家工程让路。

2014 年 12 月 12 日，南水北调中线通水后，数以千计的管理者，日夜呵护清水北上，让南水润泽北国。江河行地，日新不滞……

2012 年版《现代汉语词典》解释，湖指被陆地围着的大片积水，还说，格物致知是推究事物的原理法则而总结为理性知识。

丹心湖，却不只是积水，她宽阔的胸怀容纳得太多。天和地、日和月、美和善、昨天和今天、上游和下游、黄帝和平民、哲家和诗人，还有苦难、幸福、涅槃、重生、和平、辉煌、光荣、梦想、未来……千条河、万条溪，汇来此处，源源不绝。

打捞丹心湖的故事，或许明白人类的生存和发展与自然不可分割；或许理解追求与自然和谐共生，是人类一贯的目标；或许坚信，趋利避害、变恶为善、利用好自然、保护好自然，让青山常在，让绿水长流，才是真正的和谐之道！

不妨带着这些故事，品味清水款款而来、淙淙北上的意义。

第二章

为有源头清水来

8

《禹贡》载:"嶓冢导漾,东流为汉。"

嶓冢山,雾色茫茫。

陕西省汉中市宁强县,禹王宫前那颗古桂树,见证了汉水润泽万物的善良。它默默注视着涓涓溪流汇成江河,滔滔不绝汇入丹心湖,之后北上中原及京津冀地区。它无论如何没有想到,数千年自西向东奔流的汉江,在丹江口地区接受人类的调遣而掉头向北。它甚至不敢想象,汉江不仅是陕南等地的母亲河,也成了北方诸省市的生命源。

这一切,都因为新中国实施了世界最大的调水工程,叫"南水北调"。汉江,被伟大的中国人民赋予了新使命。它要到北方去,滋润干渴的生命,润泽干涸的河流,泽被干枯的树木。

而它,必须是一江清水!

2007年10月11日,一项投资巨大的保水护水工程,全名叫"丹江口库区及上游水土保持工程"在陕西省安康市启动。

那天,大雨如注、地面泥泞。参加启动仪式的水利部、原国务院南水北调办及陕西、湖北、河南三省的与会人员，冒雨在安康三条岭栽下了绿化树，从此拉开了陕南水土流失治理的序幕。

人们给了这项工程一个简单的叫法，即"'丹治'工程"。

陕南，地处秦巴山区，山高坡陡，土层浅薄，地质构造复杂，加之暴雨强度大，人为活动频繁，水土流失十分严重，是长江流域水土流失最严重的地区之一。当它在丹江口水库上游，作为南水北调中线工程的主要水源地的时候，大量的水土流失到汉江之中。汉水之忧，成为南水北调工程成败的"关键"之一。

从中央到地方，认识到治理水土流失、保护生态环境，对于维护水源区生态安全、水质安全，促进地方经济发展和生态改善的重大意义。

2006 年 4 月，国务院的一份红头文件，正式批复《丹江口库区及上游水污染防治和水土保持规划》。

实施"丹治"工程，控制水土流失，改善了生态环境，减少面源污染，不仅为确保一江清水北送提供保障，也为当地经济社会发展和生态改善带来机遇。

"丹治"工程分为小流域综合治理、沟道整治工程、林草工程等。

"丹治"工程分为一期、二期实施。在陕西，一期工程治理小流域 348 条，治理水土流失任务 7681 平方公里，新修基本农田 2.08 万公顷，营造水土保持林 19.95 万公顷，营造经济林 7.18 万公顷。

从此，工程防御体系初步形成，防灾减灾能力明显增强。

2010 年 7 月至 8 月，陕南地区有三分之一以上的县（区）普遍遭遇 50 年至 100 年一遇特大灾害，暴雨洪水泛滥、滑坡泥石流频发，人民群众叫苦不迭。尽管"丹治"工程区水保设施也不同程度遭受损坏，但是水土保持工程在特大超标准暴雨灾害中，缓洪减沙、阻挡泥石流，保护了人民生命财产安全。

灾区群众称赞："这真是保水保土又保命的好工程！"

"丹治"工程还使水源区生态环境明显改善,水源区水质稳定达标。

陕西重点实施生态清洁型小流域治理,一大批流域呈现出山清水秀、林木葱茏、村容整洁、溪流淙淙的新景象。陕西环保部门对汉、丹江流域水质监测,有 10 个断面优于或符合目标水质;陕西水文局布设的 7 个水质监测断面分析,汉、丹江年度水质基本稳定在 Ⅱ 类或 Ⅱ 类以上。

"丹治"工程还改善了秦巴山区脆弱的农业生产条件,为社会主义新农村建设奠定了基础。

陕西人民真切感受到了"丹治"工程的好处。陕西省委领导在水利厅报告上批示:"'十二五',我们需要加大力度,持之以恒地推进水土保持工程建设。"

2012 年 6 月 4 日,国务院批复了《丹江口库区及上游水污染防治和水土保持"十二五"规划》,确保南水北调中线水源区生态环境不断改善,水质长期稳定达标。

2012 年 7 月 28 日,"丹治"工程二期启动。

二期工程水土保持工作的目标是:治理水土流失面积 6295 平方公里,实施坡改梯 315 平方公里;水土流失累计治理程度达到 50% 以上,新增项目区林草覆盖率增加 5%—10%,年均增加调蓄能力 2 亿立方米以上,年均减少土壤侵蚀量 1000 万—2000 万吨。

实施"丹治"工程,配合了南水北调中线工程建设,保护了丹江口水库水源,推动了当地经济社会发展和促进项目区人民群众脱贫致富,也探索了水源区水土保持新模式。南水北调中线通水以来,水质稳定达标,与"丹治"工程密不可分,与陕南各地植绿护水密不可分。

9

南水北调中线通水后,人们更多地知道了宁强县。

"三千里汉江第一城""中国天然氧吧"，这是宁强县最自豪的美誉。

宁强县位于陕西省西南隅，北依秦岭，南枕巴山，雨量充沛，空气湿润，大部地区属暖温带山地湿润季风气候，降水强度大，年降水量最高达1812.2毫米。因此，淙淙溪流汇入汉江。

从某种意义上说，汉江的源头也是南水北调中线的源头。

宁强县承担着"一江清水送京津"的光荣使命，政府领导喜欢说这是"政治任务"，喜欢用"断腕"形容一系列植绿护水措施。的确，他们是尽心尽力尽智，保护一江清水的源头。

他们坚守环保红线，关闭了水源地保护区内的数十家企业；他们严格准入制度，劝退了20余家欲来宁强投资但环评不达标的企业；他们开展了汉江、嘉陵江流域综合治理，实施"绿水、蓝天、青山、宁静"四大工程；他们巩固百里生态文明长廊建设成果，抓好人造林绿化、天然林保护和退耕还林、农田水利等生态修复工程。

宁强县森林覆盖率达到61.83%，林木绿化率达到68.66%。从这些数字，可以看到山上林木森森，城中绿草如茵。

他们还建起了污水处理厂、垃圾处理厂、垃圾收容站，全县居民集中饮用水源地水质100%达标。宁强县的空气和地表水质量均达到国家Ⅰ类标准，县城的空气优良天数占比达到95%以上。也就是说，他们那里一年的好天气起码在350天以上，基本上天天都是好天气。

"不愧是天然氧吧，来到这里我们都有醉氧的感觉……"到汉水源景区的游客感叹。

宁强县也先后实施了长治、丹治工程等水保重点工程。

赠人玫瑰，手留余香。宁强县植绿护水，受益的首先是当地群众。"我们这是山坡地，一下雨山上的泥石就顺着雨水往下流，最后全流到汉江里。现在统一改了梯田后，逢雨天不怕了，我们的收入也提高了。"高寨子街道办事处肖家坝村村民詹仕贵喜滋滋地说。

肖家坝水土保持产业示范园内，梯田层层叠叠，新绿叠叠翠翠。

肖家坝村是个山区村，素有"九山半水半分田"的说法，山高坡陡，一下大雨泥沙俱下。他们把斜坡改为梯田，遇旱能灌、遇涝能排，不仅提高作物产量，还有助于减少农业面源污染，保护汉江水质。

肖家坝村也实行了土地流转，在产业示范园内种植了茶树，直接给当地群众带来了效益。

"以前种的庄稼，一下大雨就被冲得七倒八歪，现在我们也搞起了茶园，水土治理真是好事。"詹仕贵说，他家的收入来自两个方面，4亩多土地以每亩500元的价格流转，收入2000元；妻子在茶园采茶打工，年收入一两万元。

肖家坝村的变化正是宁强县开展小流域水土保持治理成效的一个缩影。作为南水北调中线工程重要水源地，既保护了清水，还美化了环境，又增加了收入。

泥不下山、水不乱流、道路相通、沟渠相连、兴水固土、环境优美、群众受益、水质达标、远送京津……

天汉湿地公园是汉中城市建设发展和生态保护的缓冲区。

水力自控翻板闸门成为这里的一道风景。

这里相继建成百年一遇防汛堤防、水力自控翻板闸、滩地溪流、广场园路、景观栈道等工程，形成了"一廊二线七广场"游憩体系和风景优美、生态稳定的湿地景观，同时地表径流经过层层截流、过滤和净化，涵养了水源，清洁了水质，保证清水流入汉江。

除了湿地建设，汉中市也确实采取了一系列"铁腕"的措施，比如沿江两岸植树造林、修复植被、拆除沿江猪舍，取缔和关停国家明令禁止、严重污染环境的小选金、小皂素、小冶炼、小电镀、小造纸厂等企业和生产线，加大城市污水、垃圾、医疗废物和废水治理。

汉水之源的绿水青山，源于水源区人民的深情厚谊，源于水源区人民的努力付出，源于水源区人民治山治水的担当。这里的绿水青山，也正在变成金山银山。

10

安康，滔滔汉水横贯东西，巍巍青山逶迤南北。

安康市是南水北调中线工程重要的水源涵养区。

汉江，这条千余里的大江，在安康境内流长竟达340公里，拥有支流1037条之多，年出境流量为262亿立方米，占丹江口库区来水总量的67.5%，承担着南水北调66%的供水量。

因此，安康水源保护意义尤为重要！

因此，安康以保水质为重点的环保生态建设更为严格，更为特殊，更为急迫。为保护汉江水质，让一江清水永续北送，多年来安康在"生态"二字上动脑筋、下功夫、动真招。

"叮铃铃，叮铃铃……"

安康市南水北调环境应急处置中心的电话铃响起，话务员立即接通电话，是群众投诉某企业向河内排放污染。话务员将电话接到有关部门，一会收到电话回复，工作人员已经到达现场，正在处理。工作人员调出语音记录，记录在案的投诉电话，已近万条，转办5000余条。

安康市咬定"一江清水入库，一泓清水北上"的目标，组织实施"护水、增绿、治污、移民、兴业、富民"六大工程，全面深入推进河长制，取得成效。本文截稿时，汉江出陕断面水质稳定保持在国家地表水Ⅱ类标准，水质达标合格率100%。

滔滔清水中，流淌的是水源地人民的心血和汗水。

安康市南水北调环境应急处置中心，已经成为保护南水北调汉江水源水质的环保"110"，通过事前预警预报、监测监控，事中有效调度处理，事后评估等应急管理要求，实现了"三个监管""四个清楚""五个第一"的建设目标。

24小时的实时环境监管、"一张网"全覆盖监管，多部门共同监管，这就是"三个监管"的内容；"四个清楚"就是对辖区环境现状和趋势清楚，污染源数量和分布情况清楚，环境风险情况清楚，应急处置政策和对策清楚；"五个第一"包括第一时间发现问题并接警，第一时间调集专家开展研判和启动应急预案，第一时间进行现场处置和事故调查，第一时间开展现场应急检测，第一时间向社会公开信息。

这个中心将安康境内集雨面积在5平方公里以上的1037条河流、1365名河长纳入平台的"网络化"管理体系，统一调度。通过水利、公安、安监、气象等部门信息数据互联互通，形成多部门共同监管的环保大格局。

位于安康市西部的石泉县，自然在监管之内。

薄雾中，秦岭南麓的水珠从山间探出头，晶莹闪亮，名"石泉"。

两个"100%"告诉人们，这里的环境很好。石泉县地表水水质优良比例达到100%，汉江石泉断面水质始终保持在国家地表水Ⅱ类标准，城市饮用水水源水质达标率是100%……

汉水之畔的白河县，山清水秀。

白河县是汉江出陕断面，滔滔江水由陕西而来，入湖北而去。作为丹江口上游南水北调重点水源区，能否将一江清水安全送到湖北，白河这道关口尤为重要。

为守护一方青山绿水，白河县采取了一系列措施。

他们提标改造了县城污水处理厂，停产工艺落后导致环境污染严重的皂素生产规模化企业，关停了当地几十家排放不达标的水泥厂。白河县属于偏远贫困县，经济基础薄弱，即便如此，他们不仅生态环保的决心从未动摇，而且舍得忍痛割爱。

"在环保上，即使负债运行，我们也要把事情做好。"这是白河人民的心声。

因此，白河县的地表水长期稳定保持在地表Ⅱ类水标准……

安康市保护了绿水青山，也赢得了金山银山。2017年前三季度报表显示，安康市主要经济指标增速继续保持陕西省前列。

近年，安康市全面深入推进"河长制"、河流网格化管理、全民造林常态化等机制，抓好"护水、增绿、治污、移民、兴业、富民"六大工程，实施最严格的环境监管、最积极的生态建设，加快汉江重点流域生态修复、水资源保护、沿江治理、供水运营与防灾防洪工程，用生态环保兑现铮铮誓言：

保护汉江母亲河，一江清水送京津。

11

丹江，源于商洛西北，流经陕西、河南、湖北三省，在湖北省丹江口市与汉江交汇，注入丹江口水库。

商洛，地处秦岭山地，东临河南省，东南临湖北省，因境内有商山洛水而得名。

作为丹江口水库上游的商洛，承担着南水北调水源涵养和保护的重任，也面临绿水青山变为金山银山的机遇。商洛人民挑起这副沉甸甸的担子义不容辞，建设山清水秀的绿色家园天经地义。他们大力实施丹江等流域水污染防治、全面推进污染减排、有序开展农村环境综合整治一系列行动，守护一江清水，再造秀美山川。

"像爱护自己的眼睛一样守护我们的山水"，这是商洛人民共同心声。

在南水北调中线工程通水的前一年，商洛市在陕西省率先实施了丹江等流域污染防治工作三年行动计划、商洛市水污染防治工作实施方案。之后，又编制了《丹江口库区及上游水污染防治和水土保持"十三五"规划》，先后编制工业废水治理及重金属污染防治、畜禽养殖污染治理、镇村污水垃圾处置设施建设、水污染防治和水土保持项目等数百个项目，对水污染防治进行了全面部署。

商洛市一样是"铁腕"治污。他们对一级保护区内与供水设施无关的建设一律强制拆除；对饮用水水源二级保护区内已建成的排放污染物设施进行专项集中整治；对于不能满足总量控制要求、不能实现达标排放、不符合产业政策或规划布局要求的建设项目坚决不批。

通过治理，商洛的7县区全部建成污水和垃圾处理厂，10个城市饮用水源保护区水质达标率100%，辖区内丹江、洛河、金钱河、银花河、乾佑河等9条主要河流监测断面水质全部达到功能区标准，丹江出境断面水质稳定达到Ⅱ类。

从前，商洛农村流传一句顺口溜："垃圾靠风刮、污水靠蒸发。"虽然是顺口溜，却是商洛农村清除垃圾和污水的真实写照。

近年，商洛农村村村可见垃圾填埋场、垃圾焚烧炉、垃圾压缩站、生活污水处理工程、农村饮用水源地保护工程、畜禽养殖污染治理工程，形成了"户分类、村收集、镇转运"的农村生活垃圾收集处置模式，形成了一体化设备、人工湿地、垃圾填埋焚烧热解等一批农村生活垃圾污水处理模式。在管理上，形成了行政首长、路长、河长等为代表的网格化管理体系，使生活垃圾、污水、畜禽养殖等污染得到防治和治理。

"垃圾靠风刮、污水靠蒸发"的现象已成为历史。

一条条宽阔平坦的通村入户水泥路四通八达，一幢幢崭新别致的农家新居鳞次栉比，一个个整洁美丽的乡村由线成片……这是商洛农村的新变化。

商州区腰市镇江山村一位村民说："我们这代人沾了南水北调的光。南水北调工程给我们带来的更多是机遇。我们的好日子、好环境是被逼来的！"

商洛市不仅治理污水、垃圾，还治理空气污染。

他们从"逼着减排"向"主动减排"转变，实施了"减煤、控车、抑尘、治源、禁燃、增绿"等一系列减排措施，具体建成和使用污水处理、脱硫脱硝、畜禽养殖等治污减排项目，拆除商洛中心城区禁烧区域内的锅炉，建成机动车环保检测线，淘汰黄标车及老旧车辆，推进加油站、储油库和油罐车的油气回收治理改造等，促进了大气污染防治工作。

商洛市实现了空气中主要污染物浓度持续下降，城市环境空气质量总体稳中向好。其空气质量优良天数曾达到 285 天，为守护一江清水作出了贡献，为建设秀美山川做出了努力。

12

告别陕西，蓦然回首，逝者如斯的汉江水，竟然占到丹心湖水量的70%。陕西人民，无疑是南水北调送水英雄之一。

《陕西省汉江、丹江流域水污染防治条例》《陕西省秦岭生态环境保护条例》《陕西省汉丹江流域水质保护行动方案》先后颁布实施……

同时，实行严格的产业政策予以管控，具体规定"六个不批"：

国家明令淘汰、禁止建设、不符合产业政策的一律不批；

环境污染严重、产品质量低，特别是污染物排放难以达标的项目一律不批；

环境质量不能满足环境功能要求的一律不批；

建设项目于自然保护区核心区、缓冲区的项目一律不批；

化工项目于饮用水源地附近、江河两岸，以及人口密集地区、群众搬迁量大的项目一律不批；

流域区域内开发规划未进行规划环评的单个项目环评一律不批……

陕西按照《丹江口库区及上游水污染防治和水土保持"十二五"规

划》《丹江口库区及上游水污染防治和水土保持"十三五"规划》中"明确目标任务、落实工作责任"的要求，将流域水质控制指标纳入综合目标责任考核体系……

同时，接着《规划》，加大对有色、黄姜皂素、造纸、建材行业的执法监督力度，关闭污染企业，停建和整顿不符合环保要求的建设项目，强力压缩黄姜皂素加工企业产业数量和规模，降低污染排放，在汉丹江流域县区均建起污水处理厂和垃圾填埋场。"黑名单"，"关、停、并、转、迁"，"药物治疗"等词汇，成为陕西省耳熟能详的行动名称。

如今，陕西人民可以自豪地说：境内汉江流域水清如镜，出境水质完全达到国家 II 类标准。

然而，保护清水没有止境！

近年，陕西又出台《陕西省南水北调中线水源地保护行动计划（2016-2020 年）》《陕西省全面推行河长制实施方案》，不断加大汉、丹江水质保护力度，严格环保执法、加强环评准入、加强环境整治、淘汰落后产能、优化产业结构、绿色循环发展，保障了南水北调中线水质安全。

2016 年 5 月 16 日，陕西省与原国务院南水北调办共同签署了《开展陕西省南水北调中线工程水源保护行动会谈纪要》，决定在未来 5 年开展南水北调中线水源地保护六大行动计划，确保汉江水质长期达标。

陕西，新一轮的南水北调中线工程水源保护行动已吹响号角，绿水青山正在变成金山和银山！

<h1 style="text-align:center">13</h1>

滔滔汉江水，出陕入鄂，从陕西安康白河县流入湖北十堰市。千百年来，十堰人们享受汉水的恩泽，随着南水北调工程的实施，十堰人民感到，他们不只是"享受"，还要"奉献"。

《丹江口库区及上游水污染防治和水土保持"十二五"规划》，给予十堰市的水质保护责任重大。汉江水在十堰市就要流进丹江口水库，水质能否达标非常关键。

作为南水北调中线工程的坝区、库区、移民安置区和核心水源区，十堰控制单元共有 12 条河流入库。由于历史原因，十堰的神定河、泗河、犟河、剑河和官山河五条纳污河的水质一度为劣 Ⅴ 类水。让其入库，不是不可能，而是彻底不能！

面对"彻底不能"，湖北省编制《丹江口库区及上游十堰控制单元不达标入库河流综合治理方案》，采取"一河一策"和"河长负责制"，新建管网、整治排污口、河道清淤等"软硬兼施"。

面对"彻底不能"，在没有资金来源的情况下，十堰市自筹资金，全面开展"五条不达标河流"治理工程。

面对"彻底不能"，十堰先后关闭转产高污染企业、污水处理不达标企业数百家。

2015 年，十堰市争取环保水污染防治专项资金 1 亿多元，在泗河污水处理厂与西部污水处理厂下游分别建设 6 万吨与 4 万吨的尾水人工快渗工程，并对泗河污水处理厂与西部污水处理厂进行升级改造。

投资 5000 多万元，在神定河下游建成日处理污水 5 万吨的人工快渗工程，主要对氨氮、化学需氧量、总磷等深度处理，出水水质主要指标达到地表 Ⅲ 类水标准。还在西部污水处理厂下游建成犟河人工湿地，日处理尾水可达 8000 吨。

泗河是其中污染较重的河流之一。

为了确保清水入库，在泗河流域下游污水处理厂又建起尾水水质净化工程，这里将污水处理厂的出水进行"再处理"，是污水处理最后的"守门员"，又是"双保险"。

泗河尾水水质净化工程采用"高密度沉淀＋人工快渗"工艺，泗河污水处理厂的尾水通过自流方式进入人工快渗工程深度处理，出水水质指标达到地表Ⅲ类水标准，然后排入泗河。

污水处理厂尾水净化工程，只是十堰市"五河"综合治理的一部分。

通过综合治理、开展专项整治、运用先进技术，曾经不达标入库五条河流生态环境显著改善、水质不断提升。"五河"治理成为全国黑臭水体治理样板。

十堰市市民张大珍兴高采烈。

她是十堰市茅箭区市民，在泗河边长大，今年70岁。她从跳广场舞的大妈队伍中出列，主动介绍眼前泗河的今昔。2012年以前，泗河岸边鸡鸭猪狗粪便和工业污染排放，整个河道臭不可闻，行人都绕着走。现在，这里成了娱乐休闲广场，水美、景美，人也美了。

张大珍透露，她还是泗河的"民间河长"。

位于道家圣地武当山旅游特区的剑河，也是经过湿地净化后才入库的。十堰人把那块湿地称作"太极湖"。十堰人的说法，墨绿的湖水属阴，依在山的怀抱；连绵的群山属阳，偎在水的身边。他们把丹江口水库也叫成"太极湖"，且赞不绝口，如数家珍。

由绿水青山组成的"太极湖"，就是他们的生命湖。他们像爱护自己的生命一样爱护"太极湖"，爱护南水北调工程。南水北调工程不仅为北方带来福祉，也为湖北省抗旱保丰收做出过重要贡献。

14

用长江之水来填补汉江，缘于南水北调中线工程实施。"引江济汉"工程就是从长江干流中开挖一条人工运河，向其第一大支流汉江"补水"，满足汉江兴隆以下生态环境用水、河道外灌溉、供水及航运的需求。

突如其来，一场大旱考验"引江济汉"工程。

"月亮长毛了，明天会下雨，我不用浇田了。"2017 年 7 月 29 日晚上，家住湖北省汉川市马口镇黄湾村村民黄少芳夜观月晕，自信会久旱逢甘雨，脸上闪过一丝笑容。但是，老皇历"黄"了，之后两天不仅没有下雨，却是骄阳似火。

水稻正杨花吐穗、棉花正开花结铃、鱼儿正嗷嗷待哺……"这就是'卡脖子旱'！"黄少芳叹了口气，垂下了头。

进入 7 月份后，湖北省天气持续炎热，高温天气不断升级，全省部分县市最高气温突破了 40 摄氏度。而降雨，全省平均只有 48 毫米，比多年平均值偏少近 6 成。

湖北多地告急：截至 7 月 28 日 8 时，湖北省受旱农作物 615.7 万余亩，百万人深受其害，7.3 万人面临饮水困难。

东荆河水，断断续续，苟延残喘。

湖广熟，天下足。水稻占湖北省粮食作物总产量的 70%，其中 80% 集中在中稻。湖北省要求各地做好抗旱工作，努力保障生产、生活、生态用水安全。

荆州市、沙洋县等工程沿线地市的求救函件，纷纷飞往湖北省南水北调管理局、引江济汉工程管理局，期盼"引江济汉"工程向旱区补水。

"服务湖北经济社会发展，是我们应尽之责，也是'引江济汉'工程作用所在。"湖北省南水北调管理局负责人说，面对罕见旱情，我们科学调度，确保工程安全运行，最大限度发挥补水效益。

湖北省防汛抗旱办公室也就南水北调补水提出要求。

7 月 28 日下午，湖北省南水北调管理局安排建管处负责人到荆州指导抗旱工作，引江济汉工程管理局紧急召开会议部署调度，提出了每次开度增加 10 厘米逐级开启闸门，逐步加大流量的抗旱调度方案。

"引江济汉"渠上，进口节制闸闸门全开，翻着浪花的水流急切奔往旱区。"进口节制闸增大流量，调整为开 5 孔，开度 1.6 米！"调度指令再次传来。

此时、此开度、此节制闸，流量已经达到每秒 358 立方米，属于超设计流量引水。

在沿线各运管站所，24 小时灯火通明、人影晃动、机声嗡鸣。运管值班人员密切关注设备运行情况，不间断巡查水工建筑物和渠道安全。与以往不同，水情测报频率从每天 1 次增加到 4 次。他们明白，此次抗旱是自引江济汉工程建成通水后，首次长时间超设计流量引水。大流量、高水头的工况下，全线尤其是进口段建筑物消能、渠道稳定等受到极大挑战。

8 月 1 日上午 9 时，流量一度达到每秒 400 立方米。

久旱逢甘雨，持续"解渴"时。

老天不肯下雨，使黄少芳失望。但是，她也欣慰，连着汉江的"引江济汉"百里长渠，从长江引水补给汉江中下游。如今，淙淙水流，铆足了劲儿助力湖北省抗旱。她心里明白，遇到这样罕见的干旱天气，不用过于担心灌溉的问题，因为"引江济汉"工程曾经送来过大旱甘霖。

2014 年 8 月 8 日，引江济汉工程启用应急调水，累计调水 2.01 亿立方米，有效缓解了汉江下游 645 万亩农田和 899 万人口的用水需求；

2015 年 8 月 11 日，引江济汉工程又开启进口节制闸，通过拾桥河枢纽向长湖补水，累计补水 3.53 亿立方米，有效缓解了四湖流域中下区的农田旱情；

2016 年 7 月中旬，在防汛抗灾中，两次为长湖消洪 1.1 亿立方米，相当于降低长湖最高洪水位 0.4 米，为确保人民群众生命财产安全发挥了至关重要的作用；

2016 年 9 月中旬，应荆州市的请求，引江济汉工程向长湖累计补水 0.33 亿立方米，及时缓解了长湖及东荆河沿线的用水困难……

这次，长江之水源源不断地流进河道，或一路向东朝汉江疾驰而去，在引江济汉渠道里汇入汉江润泽中下游，或从港南、庙湖、后港等分水闸和拾桥河下游泄洪闸奔涌而出，为荆州古城、长湖流域、东荆河流域送去清甜。

东荆河，流水淙淙、波光粼粼。

"7月份以来，引江济汉工程累计引水量达到9.24亿立方米，大约500万亩农田从中受益。"湖北省引江济汉工程管理局荆州分局负责人说，湖北省政府今年给引江济汉工程管理单位下达的任务是年引水量30.8亿立方米，实际累计引水超过了那个指标。

引江济汉工程自建成以来，对引江济汉工程沿线及汉江中下游人民群众生产生活始终发挥着积极作用。如果说水是生命之源，而南水北调算得上生命通道。

第三章

水源地的绿色之路

15

丹心湖，位于汉江中上游，分布于湖北省丹江口市和河南省南阳市淅川县，水域横跨鄂、豫两省。1958 年 9 月 1 日，丹江口水利枢纽工程开工，湖北、河南两省所属的襄阳、荆州、南阳 3 个地区 17 个县的 10 余万民工挑着干粮，带着简陋的工具，汇集到丹江口工地，用扁担、筐子、小木船，运载着黏土、砂石，"腰斩汉江"，实现截流。2014 年 12 月 12 日，随着南水北调中线陶岔渠首缓缓开启闸门，清澈的汉江水奔流北上，穿越黄河和中原大地，沿千里太行山脉东麓直至北京、天津。

南水北调中线工程实现通水，水源地人民做出了巨大的牺牲和奉献。自 1959 年至 2012 年，40 余万淅川移民搬迁、返迁，复搬迁、复返迁，反反复复，复复反反，从老家到新家用了 53 年！

在河南省淅川县，那是半个多世纪的移民路。一路上寒风呜咽，一路上热浪席卷，一路上愁雨绵绵。大小车辆，坛坛罐罐，摇晃跌撞。老老少少、男男女女，步履仓皇。

一别淅川，西抵青海。1958 年 9 月至 1960 年 3 月，2.2 万青年和家属响应中央号召，分批到达青海省黄南、海南自治州等地。

二别淅川，东到邓县（今邓州市）。1961 年，2.6 万名老移民迁往邓县孟楼、彭桥两地插队安置。

三别淅川，南下湖北。1966 年、1967 年、1968 年连续 3 年，7.3 万人迁往荆门、钟祥。

四别淅川，再迁邓县。1971 年，4.2 万人迁往邓县，城关部分移民插队张湾公社（今淅川金河镇）。

五别淅川，省内安置。2009 年至 2012 年，16.5 万人纷纷在省内南阳、郑州、平顶山、新乡、许昌、漯河等 6 个省辖市 25 个县市区安家。

戈壁滩、芦苇荡，青藏高原、黄河岸边、太行山下，处处都有淅川移民迁徙的印迹。而在淅川，正当中国改革开放大潮涌动，全国人民脱贫致富奔小康的时候，因为建设南水北调工程，国家多年限制他们的发展，人民生活水平远远落后于他乡。

2003 年，国务院专门对丹江口库区下达了"停建令"，移民群众的整个生活提升、生产发展，以及对农村公共资源的享受，都受到了客观条件的限制。库区的移民不能再建新房，因此移民群众基本上都是住在简陋的房子里；移民群众不能享受柏油路、有线电视；一些学校、卫生室，国家也不再投入建设。

当其他地方践行"发展是硬道理"、一日千里大步走向社会主义小康社会的时候，这里却是"不发展才是硬道理"，始终原地踏步，甚至不进则退，过着贫穷落后的生活。

他们向往美好的生活，但是深受"等待"的煎熬！

祖国改革开放，他们别无选择！

有一种伤情，叫送别。在搬迁中，一首歌唱道：

喊一声移民我的老乡，

端一碗丹江水，

送你去他乡；

抓一把祖坟的土，

装在你身上。

不管你走多远，

淅川不能忘。

这里有你走过的路，

这里有你碾过的场，

这里有你的亲姐妹，

这里有你的祖辈和亲娘！

擦干眼中的泪花花儿，

手拉手儿话衷肠。

千斤重担你一肩扛，

老乡呀老乡，

送你去远方。

喊一声移民，

我的老乡——

举一杯丹江的酒，

送你去远方。

牵过那条看门的狗，

带在你身旁。

不管你走多远，

淅川不能忘。

这里有你绿化过的山，

这里有你净化过的江，

这里有你开掘的大运河，

这里有你奉献的玉液和琼浆！

滔滔江水向北流，

碧波水下是故乡。

舍家为国你谱新章，

老乡呀老乡，

送你去远方。

喊一声移民，

我的老乡——

……

2014 年 12 月 31 日，国家主席习近平在 2015 年新年贺词中指出："12 月 12 日，南水北调中线一期工程正式通水，沿线 40 多万人移民搬迁，为这个工程作出了无私奉献，我们要向他们表示敬意，希望他们在新的家园生活幸福。"

而南水北调通水前后，水源地人民又做出了巨大牺牲。

仅南阳，从 20 世纪 90 年代开始，先后关停企业 800 多家，静态损失约百亿元；关闭、取缔、搬迁养殖户 1082 家，取缔养鱼网箱 5 万多个，政府投入资金近 5 亿元，帮助企业转产、职工转业、渔民上岸；在汇水区 3 县建成 60 个污水垃圾处理设施；先后否定了 73 个大中型项目选址方案，终止了 62 个大中型项目前期工作。

在南阳，不仅政府方面把护水作为"政治任务"，作为要事大事抓实抓好，而且民间也有诸多的人士义务护水，呵护一江清水北上。

16

淅川县九重镇陶岔村农民李进群，被誉为"守护渠首民间第一人"。

说来话长，48 年前，李进群正值风华正茂、青春勃发的时候，在修建渠首闸的工地上痛失右臂，如今可见一只短臂吞在袖筒里。那袖筒，像被折断的草，经风吹摆动。48 年，他一直坚守在渠首打扫卫生、捡垃圾、看护树木，把自己的一生系在水源地的环保事业上。

20 世纪 70 年代，那时的陶岔渠首工程叫"引丹渠首"。李进群积极响应政府号召，加入浩浩荡荡修建渠首闸的民工队伍中，每天挥汗如雨奋战在工地上。一天，工地上红旗招展，号声嘹亮，他正在拉车运土，附近一台卷扬机突然失控，飞扬的钢丝瞬间切断了他的右臂。他"哎呀"一声，倒在血泊中。

李进群立即被送到医院抢救。

几个月过去，他终于养好了伤。

"我还要回工地去！"他主动提出来，要回工地去，做些力所能及的事情。

很多人不解。

李进群解释说："国家建水库调水是大事，能做点贡献是我的荣幸，也是我的责任。我失去一只胳膊很不幸，但国家工程顺利建成，俺心里高兴！"

引丹渠首工程于 1969 年 1 月动工，1974 年 8 月渠首闸通水，1976 年建成，先后用了 7 年的时间。开工当年调用几万名民工，全靠人拉肩扛建成的，因施工条件简陋，环境艰苦，数千名基层干部和民工像李进群一样，在工地上受伤或致残，有百余名民工牺牲。

包括灌区施工在内，共完成土石方近 3500 万立方米，混凝土及钢筋混凝土 5.5 万立方米。如果按宽、高各 1 米来堆砌工程动用的土石方总量计算，可以沿赤道绕地球一周半，是举世闻名的红旗渠所动用的土石方总量的两倍。

南水北调中线渠首，是成千上万的李进群们用车推肩挑出来的，是他们用血水和汗水浇铸成的!

渠首闸修好后,李进群因为失去右臂,不能再干重体力活儿了。每天早饭后,他就用左臂夹着铁锹和火钳,像上班一样,在渠首捡垃圾。当有人往水库扔杂物时,他会上前板着脸跟人家理论:"别把垃圾扔到库里,那样不好捞出来,还会弄脏了水!"

严寒酷暑、风中雨中、夕阳下,总能见到一位伴岁月渐行渐老的"独臂人"的身影。

他拉着一辆小车,车里放着一把铁锹、一把火钳和一个用来捡垃圾的箩筐,路坏了修路,桥坏了补桥。碰上游人随手丢弃的瓶瓶罐罐,他更是"如获至宝",捡回家堆在院子一角,攒够一定数量后拉到废品收购站处理掉,然后用卖废品的钱购买铁锹、箩筐、碎石块。

成年累月,常有人喊他"破烂王"。

却没人知道他到底用坏多少个铁锹、多少把火钳,利用卖废品得来的钱修路补桥,只看到渠首闸旁边的几条主干道平整,渠首的环境洁净。

也正是时间,记录了他每天的行动。

2002年年初,看到渠首老坝旁边的厕所长期无人管理,脏兮兮的,影响渠首形象,李进群便将自家的两只水桶改造成茅桶。从此,每周掏一次厕所成为他的新"工作",直到2012年4月该厕所被拆除。

2012年5月,在渠首观景台新厕所建成后,李进群又主动承担起新厕所管理的任务,每天坚持打扫,确保干净整洁。干这些活儿没有报酬,也没人督促,全凭自觉自愿。面对众人的不解,李进群微微一笑。

40多年的渠首守护,李进群成了"渠首百事通"。2014年"五一"期间,媒体来渠首采访,他成为"首席导游员"。在接受采访时,他说得最多的是:文明游渠首,别把白色垃圾留给丹江清水。

然而,李进群却无暇顾及家庭。

2009年5月10日,李进群的老伴儿感觉头晕乏力,到医院一检查,原来是患了糖尿病和脑梗，需要住院。李进群留下来陪了 3 天便坐不住了："我不回去，渠首脏了咋办？"

2014 年 12 月 12 日，南水北调中线工程通水，渠首陶岔成了举世瞩目的焦点，来参观的人络绎不绝。为持续保持渠首干净整洁，呵护好丹江碧水，李进群又说服大儿子李保定加入义务护水的队伍中。

一个普普通通、朴朴实实的人，却在他的话语中透出一种精神、一种力量、一种执着追求：

"当年为了修渠建闸，许多人连命都没了。现在的一切来之不易，所以我最大的愿望就是保护好丹江水，让北方人民可以放心地喝我们这里的水！"

"我在丹江边住了半辈子了，对这水有感情，这么清这么好的水，不能让它脏了。卫生搞好了，山绿了，水清了，来这里旅游的人有一个好环境，清水送到北方，俺渠首人脸上都有光！"

掷地有声，声声灌耳，声声入心，声声镌刻在美丽家园！

17

张晓茹，初中八年级学生，曾受到国家主席习近平亲切接见。

自 2009 年起，在三年的时间内，16.5 万水库移民搬迁，服务南水北调中线工程建设。当时 8 岁的张晓茹和父老乡亲一样，踏上告别故土，搬迁异地之路。

"金窝银窝，不如自己的穷窝"。这句中华民族的口头禅，张晓茹此时真正理解了它的内涵。

张晓茹的老家桦栎扒村，在中线渠首枢纽工程大坝以南 3 公里处，家门口就是风景秀丽的丹江口水库。家乡的山和水、太阳和月亮、清晨和傍晚、渔船和鱼腥味，都深深刻在她的记忆中。2011 年，淅川县第二批移民搬迁工作启动，桦栎扒村需搬迁到 20 公里外的九重镇十里庙移民点。

在搬迁问题上，父母的态度是一致的。

"说什么也不要离开这个穷窝！"一想到要离开家乡，张晓茹母亲张继香撕心裂肺地疼痛。

"地，是咱庄稼人的命根子。老家有 28 亩地，还有 15 亩竹林，一旦搬迁，这啥都没了。"父亲张泽辉也拒绝在搬迁协议书上签字。

而张晓茹却说："爸妈，老家固然好，可老师说了，新家是二层楼房，盖得可好啦，不像我们家，外面下大雨屋里下小雨；还有，新村水、电、路、网全通呢！老师还说，只要人勤劳，搬迁到哪里都有舞台、都能致富的！"

张泽辉、张继香听了女儿的话，都觉得女儿说得没错，做父母的目光可得看远点。于是，张泽辉痛痛快快在搬迁协议书上签了字。张晓茹家成了全村搬迁第一户，为其他移民带了好头。

张晓茹还认真做乡亲们的工作。

九重镇政府成立了"移民政策宣讲团"，张晓茹自告奋勇加入其中，成为年龄最小的移民政策宣传员，宣传南水北调的意义和移民政策。她利用放学时间，跑前跑后，给村民宣传移民政策，反复做亲戚邻居的思想工作，带动他们先后在搬迁协议书上签了字。

放学时间、节假日，在田间地头，在堂前屋后，都能看到张晓茹那小小的身影。她向乡亲们宣传搬迁的意义。南水北调移民的顺利搬迁，为工程正式通水奠定了基础。

然而，保护好一泓清水北上，又成为他们的神圣使命。

"我自愿加入环保志愿队伍，自觉爱水、惜水、节水、护水，从自身做起，从小事做起，从我做起，从现在做起！"中线一期工程通水后，在学校老师的帮助下，张晓茹组织成立了 12 人的德育"环保社团"。

盛夏酷暑，太阳晒得人头晕目眩，在老师的带领下，她和小伙伴们带着藿香正气水来到水库边捡拾垃圾。节假日、寒暑假，周而复始。张晓茹多双鞋子被磨破，多把火钳用坏了，但渠首闸旁边的几条主干道整洁如初，丹江水清澈宜人。

通水后的渠首，游客骤增。除了捡垃圾，张晓茹还在空闲时间当起了义务宣讲员。她给游客讲修建大坝的历史，讲移民搬迁的故事，讲水质保护的艰辛。

张晓茹爱水护水的故事感染教育着身边的同学、远方的游客，越来越多的人成为环保志愿者。

"这丹江水是送往北方的，一定要把这水呵护好！"张晓茹感慨地说。

张晓茹的事迹不翼而飞。

2018年5月22日，中央文明办、教育部、共青团中央、全国妇联、中国关心下一代工作委员会在洛阳举办2018年第一批"新时代好少年"先进事迹发布活动，宣传发布10名优秀青少年的先进事迹，张晓茹是河南省唯一获此殊荣的青少年，受到国家主席习近平的亲切接见。

载誉归来，她深感自己作为渠首人的骄傲，她说："我要努力做得更好，回报家乡，回报习爷爷！"

她利用国旗下讲话、开学典礼等机会向全校同学宣传习爷爷的谆谆教导。她告诉同学们：习爷爷教导我们从小学做人，从小立志向，从小学会劳动创造，给我们指方向提要求，我们绝对不能辜负习爷爷的期望！

红红的脸庞，蓝蓝的学生服，清清亮亮的嗓音。

"树立远大理想，养成优良品质，学习文化知识，力争成为祖国的栋梁！"张晓茹与同学们一起宣誓……

当李进群、张晓茹保护好一渠清水的时候，丹江水进入总干渠后的第一个水质自动监测站数字显示，那里的水质竟然是Ⅰ类水质，可以直接饮用。

18

"陶岔水质自动监测站"几个大字格外引人注目。

一座方形小楼，在总干渠一侧。它 2015 年年底建成，2017 年进入稳定运行阶段，是丹江水进入总干渠后流经的第一个水质自动监测站，是亚洲最大、监测项目最多的水质自动监测站。

在监测站前的广场，放着一排桌子，上面摆着装满"丹江水"的透明瓶子。这里是 I 类水质，是可以直接饮用的。而沏好的茶水，溢出缕缕香味。

监测站是可实现自动取样、连续监测、数据传输的在线水质监测系统，共监测 89 项指标，涵盖地表水 109 项检测指标中的 83 项指标，主要监测一些水质基本项目、金属重金属、有毒有机物、生物综合毒性等项目，共有监测设备 25 台。

水质自动监测系统主要由取水单元、预处理单元、监测单元、控制单元、通讯单元和辅助单元组成。分别是：

取水单元。采用双泵双管路系统，一用一备；取水深度在水下 0.5 米左右。

预处理及配水单元。一路为原水，主要监测指标为五参数分析仪、挥发性有机物监测仪、石油类监测仪等；另一路经过旋流沉砂、沉沙箱，监测指标为其他项目。

监测单元。通过化学及物理方法对各项监测参数进行分析。

控制单元。控制单元由 PLC 和工控机组成，控制整个监测系统工作。

通讯单元。通过内网传输系统，可将监测数据实时传输至渠首分局及中线局水质管理平台。

辅助单元。包括除藻单元、清洗单元、UPS 供电单元等，主要作用是确保监测系统稳定运行。

一位质检员高高举起装满清水的瓶子，自豪地告诉记者：这里是Ⅰ类水质！

而在不远处，还有一个"南水北调中线渠首环境监测应急中心"，日夜检测南水北调水源区的水质。大屏幕上详细介绍了它的职责。

这个中心于2014年5月开工建设，11月建成投入运行，按照《全国环境监测站建设标准》二级站建设而成，总投资一亿多元。

在宽敞的实验室内，身着白大褂的工作人员各就各位，各自操作。这里的45名本科或研究生，构成一支知识结构科学合理、专业化程度较高、年龄普遍年轻化的高技术人才团队。

这里配备了先进的环境监测、信息、应急仪器设备，具备地表水水质和应急监测及水生生物毒性监测能力。在环库区及河流入库处建成水质自动监测站和水质监测浮标站，实现了对库区及上游丹江河、老鹳河、淇河等入库河流水质全天候实时监测监控，具备与国家及受水区沿线省、市环境自动监测监控系统联网功能。

而监测车和监测船，能够快速反应、随时出击，去库区现场检测。

2016年2月，通过河南省技术监督局组织的实验室资质认证；2017年7月，成功入选全国土壤污染状况详查首批检测实验室名录。

经过不间断地监测、预警、巡查，它出具的55万余个监测数据显示，丹江口水库水质109项监测指标均为正常，库区水环境质量总体良好，各水质断面监测结果均达到或优于地表水Ⅱ类标准，水质稳定达标，符合供水水质要求。

这个中心为国家调水决策及豫、鄂、陕三省相关部门水污染联防联控、应急响应等提供了科学技术支撑。而在南水北调中线干线工程全线，共设置30个水质固定监测断面，及时掌握南水北调中线干线总干渠入渠水质变化状况及发展趋势，为水资源统一调度管理、突发水质应急事件的预警与防治，提供全面、快速、准确的水质监测信息。

　　无论是陶岔水质自动监测站，还是南水北调中线渠首环境监测应急中心，检测到的数据，为供水水质安全提供了保障。这些数据，也反映了运营管理者和水源地人民的付出取得的效果。毕竟，水质决定南水北调工程成败。

　　尤其水源地人民，为南水北调做出了巨大贡献，也率先实践"绿水青山就是金山银山"理论，从中获得了实惠，获得了希望，获得了幸福感。南水北调这一巨型生态工程与水源地人民绿色发展的实践，相得益彰、相互促进、相映成辉。

　　比如淅川，比如南阳。

<h2 style="text-align:center">19</h2>

　　淅川在守着南水北调中线工程"大水缸"的同时，还要解决深度贫困问题，还要坚守环保红线，还要发展经济不能停，因此绿色发展成唯一。

　　不是"之一"，而是"唯一"。

　　的确，淅川别无选择！

　　南水北调中线工程通水前夕，淅川县先后关停数百家冶炼、化工等污染企业，引导企业技术改造、转型升级。而近年，他们把"绿水青山就是金山银山"的理念深深种在库区，走生态优先、绿色发展之路，一边绘浓"生态绿"，一边转型"高耗能"。

　　淅川县采取了一系列措施，染绿库区。比如，创新多元融资、合同造林、专业队造林、市场化造林等机制，加快荒山绿化步伐，筑起清水北送的绿色屏障；在基地建设、生产设施、信贷支持、资金扶持等方面给予补贴，推进软籽石榴、大樱桃等高效生态产业发展；紧抓丹江 AAAAA 旅游景区开发机遇，实施旅游兴县战略，打造养生休闲、观光游玩等环库旅游长廊。

好风景，正逐渐变为好"钱"景。

至 2018 年，淅川县实行合同化造林治理荒山 53.2 万亩，人工造林面积连续 10 年居河南省第一位，林业工作连续 5 年位居南阳市第一，森林覆盖率达到 45.3%，先后获得全国绿化先进集体、河南省绿化模范县等殊荣；他们新发展软籽石榴、金银花等高效生态农业 30 余万亩，在丹江沿线建成 32 个精品生态观光示范园，带动 1.2 万贫困群众年人均增收近 2 万元。

淅川县 6.5 万农民端上"生态碗"。其中，3.4 万贫困人口在绿化库区中，吃上"生态饭"，走上"致富路"。

同时，他们聚焦汽车零部件和农副产品加工业，大力调整工业结构，全县汽车零部件关联企业达到 87 家，年产值百亿元，成为河南省中小企业特色产业集群。2017 年淅川县规模以上工业完成产值 242 亿元，工业增加值实现 49.7 亿元。

淅川县在确保一库清水永续北送的同时，实现库区"生态美、产业兴、百姓富"。

这里是国家扶贫开发工作重点县、河南省深度贫困县，贫困程度深，脱贫难度大。于是，淅川县以绿色脱贫为主线，改革创新扶贫开发的机制和方式，把脱贫攻坚与生态建设、易地搬迁安置、旅游开发结合起来，探索水清民富县强的新路径。

他们的做法是：按照区域化布局、产业化发展、规模化经营的思路，大力发展短、中、长三线产业。短线重点发展食用菌、蔬菜、光伏产业等短平快项目，确保当期脱贫；中线重点发展软籽石榴、薄壳核桃等经济林果，巩固脱贫成果；长线发展生态旅游，保证持续稳定脱贫。

而对生态环境脆弱、生产生活条件恶劣的贫困区，淅川县因地制宜实施易地搬迁，按照"靠近县城、靠近集镇、靠近园区、靠近景区"的原则，科学布局安置点，统筹安排扶贫就业。

对于靠近景区、靠近水库的贫困户，淅川县立足渠首区位优势，抓住丹江 AAAAA 旅游景区开发机遇，大力实施旅游扶贫，发展休闲农业合作社、农家乐、生态观光采摘园。

至 2018 年，淅川县短、中、长产业发展态势良好，67 家企业入驻淅川，投资软籽石榴、薄壳核桃、金银花等生态农业，30 多万亩荒山披上绿装。

"金银花上摘'金银'"成为诸多媒体从这里获得灵感写作的好标题。

这要从淅川县大力发展金银花产业说起。

正是金银花收获的季节，唐王桥金银花基地"交易"场面格外热闹、欢快。一个偌大的太阳篷下，聚积了很多的人。大多是老人、妇女，他们把采摘来的金银花装在筐子里，排好长长的队列，双手抱着筐子，过称—取票—支钱。

"一天能挣多少钱？"有人问余改穗老人。

"一天能挣一百多块钱。"余改穗老人回答。

2010 年以来，淅川县依托相关龙头企业，拉长产业链条，采用"公司＋基地＋农户"模式，大力发展金银花基地，金银花种植成为该县生态支柱产业和精准扶贫产业。

淅川的好山好水，孕育了地道的金银花。

金银花自古被誉为清热解毒的良药。它性甘寒气芳香，甘寒清热而不伤胃，芳香透达又可祛邪。金银花既能宣散风热，还善清解血毒，用于各种热性病，如身热、发疹、发斑、热毒疮痈、咽喉肿痛等症，可入药，也可当茶饮。药用价值带来经济价值，而金银花生长在南水北调水源地，也就担起了保护一库清水的重任，也就给水源地人民带来了实惠。

金银花，正名为忍冬花。"金银花"一名出自《本草纲目》，由于忍冬花初开为白色，后转为黄色，因此得名金银花。

有人这样描述：金银花，三月开花，五出，微香，蒂带红色，花初开则色白，经一、二日则色黄。又因为一蒂二花，两条花蕊探在外，成双成对，形影不离，状如雄雌相伴，又似鸳鸯对舞，故有鸳鸯藤之称。

2010 年 9 月，基地成立了中药材种植有限公司，利用移民搬迁后的土地、劳动力资源，发挥公司在资金、技术等方面的优势，建成以优质金银花种植为主的 GAP 基地，在库区周边大面积种植金银花，以点带面推动库区周边共同发展。

为了谋求永续发展，基地围绕生态谋划发展，在丹江沿岸大力发展生态农林业，建成了中药材提取车间，并统筹谋划食品饮料公司项目，从而扩大生态产业规模，延伸生态产业链条，推进生态产业规模化、集约化、生态化发展。

至 2018 年，基地已经建成了 1.5 万亩金银花种植、育苗示范基地和加工仓储基地，发展种植 3.5 万亩。按照他们的计划，未来五年内，金银花在全县范围种植面积将达到 10 万亩，建成的环绕丹江口库区的"清水走廊""绿色走廊"和全国最大的金银花种植基地，年可形成产值 10 亿元以上，增加农民收入 4 亿元以上。

在这个龙头的带动下，淅川县生态高效农业遍地开花，绵延成一道生态屏障，不仅护卫着丹江口水库的一湖清水，同时也成为库区百姓增收致富的"金钥匙"，实现了经济效益、生态效益、社会效益的共赢局面。

多年来，基地在淅川相关乡镇先后建立了万亩金银花种植基地、万亩林果种植基地、百亩特色中药材种植基地，辐射带动基地周边 23 个村 2000 余人日常就近务工，在季节性用工高峰日用工均在 1 万人以上。

他们在全县推广种植金银花，统一提供种苗，统一指导管理，统一收购服务，目前共发展农户种植 5 万余亩，有 350 多户贫困农户通过土地租赁、就地务工和订单金银花等形式实现了稳定增收脱贫。

采摘金银花的农民多为来自方圆十几公里村庄的留守妇女、老人，平均每人每天可采摘 20 斤左右。每采摘一斤按 4 元计算，每人每天的平均收入为 80 元，手脚麻利者每日可收入 100 多元。

除了唐王桥基地，还有周岗、胡岗等种植基地，所栽植的金银花全面进入盛花期，金银花采收战线也随之拉长。金银花采摘工作从5月初持续到10月，再加上锄地、剪枝、抹芽等零碎农活，周边农民平均每人每年收入就能达到两万余元。

一张张洋溢着收获喜悦的笑脸，一幕幕紧张而忙碌的场景，诠释淅川县生态产业发展的累累硕果。金银花产业带动了地方经济发展，惠及了地方百姓，已真正成为当地农民发家致富的快捷途径。

淅川的绿水青山带给水源地人民的就是金山银山。

20

突然有消息相传，世界月季洲际大会将在南阳市举办。

"遨游盛宛洛，冠盖随风还。走马红阳城，呼鹰白河湾。"唐朝诗人李白途经南都时曾做这样的描述。千百年时光流转，而今的南阳已不是曾经的模样，但被誉为"花中皇后"月季却在这座城市烙下了永久的印记，与最大的调水工程扬名世界。

夏日微风，花香醉人。

这里有诗，亦有远方。

南阳地处南北气候过渡带，四季分明，气温适中，尤其适合月季的生长和繁育。南阳的月季栽培历史也十分悠久，始于唐宋，兴于明清，月季文化底蕴深厚。

相传光武龙兴之初，曾得月季庇护，得以免难，帝登大位，即封南阳月季为"花中皇后"。故南阳月季，天德独秀，一经天灌人溉，便蔚为大观，名播天下。

南阳月季栽培之盛，超越古今，品种之多，品质之优，品相之富，足与洛阳牡丹、开封菊花并驾齐驱，媲美争光。2000年，南阳被授予"中国月季之乡"，月季年出口量占全国六成，国内市场月季八成来自南阳。

唯有月季开不厌，一年长占四时春。

夏之南阳，花事繁盛，花香满城，各类月季竞相绽放、争奇斗艳，大街小巷，犹如深陷花海，处处是芬芳。孩子在花海中快乐地嬉戏，老人在亭台下悠闲地博弈、鸟儿在树枝上愉快地嬉闹。

正是历史的辉煌，成就了今日的兴盛。

美丽芬芳的月季花，不仅带火了一个产业，还带活了整座城市；不仅是全国最大的月季种苗繁育基地和出口基地，还以举办世界月季洲际大会为切入点，让月季走出国门、走向世界。南阳市突出南阳区域特色和月季历史文化传统，走"公司＋基地＋农户"的模式，实现生产、加工、销售、科研、信息、服务一体化经营，月季花卉产业得到快速发展。

绿水青山就是金山银山。

南阳还充分发挥品牌优势和资源优势，以提升月季花卉产业质量效益为主线，以扩大月季种苗生产和种植规模为重点，以规模种植带加工、规模景观带旅游为方向，实现了月季产业发展规模化、产品标准化、管理规范化，着力构建和延伸月季花卉苗木产业链，增强月季花卉苗木的市场竞争力。

南阳的月季，从历史的云烟中穿过，从浩瀚的典籍中走出，在中华文明史上留下了灿烂的篇章。伴着世界月季洲际大会的脚步，南阳月季产业气势如虹，风光独好。一座月季名城，将与南水北调工程，步入世界的廊道。

或许，在世界月季洲际大会上，南阳人自豪地把"南水北调渠首"字样写在前头，即"南水北调渠首南阳"。

的确，千里长渠的源头，就在河南南阳陶岔。

陶岔村原名陶家岔，是河南省南阳市淅川县九重镇下辖的一个行政村。陶岔村位于豫鄂交界地带，亚洲最大的人工淡水湖丹江口水库东岸，地处汤山、禹山、杏山三山之间，南水北调中线工程的渠首闸所在地。渠首闸是世界上最大的自流引水工程南水北调中线工程的组成部分，正因为如此，陶岔村被水利专家誉为"天下第一渠首"，陶岔村也就备受关注。随着南水北调中线工程通水，陶岔故事也精彩起来。

1952年，毛泽东视察黄河提出"南水北调"的设想后，经过专家学者们的勘探调查，陶岔成为引水渠的首选地。1969年1月26日，陶岔渠首工程在陶岔村石盘岗开工。原邓县十几万青壮年轮流上阵，历时5年时间，终于建成了深49米、宽470米、十余公里长的大渠和高6.7米、宽100余米、高程140米的渠首水闸。现在的南水北调工程，对渠首进行了重建或再建。

站在陶岔渠首坝上，远望一渠清水源源而来，远远而去。两岸引渠护坡绿草如茵、绿树成排，与渠水，与蓝天，与白云相映成景。脚下的闸门被打开，流水淙淙。

技术人员介绍，设计引水流量350立方米每秒，加大引水流量420立方米每秒，年调水量95亿立方米。这里还安装了水轮发电机组，可以在低水头情况下发电。

作为南水北调中线的"水龙头"，新建的陶岔渠首枢纽工程承担着向北京、天津、河北、河南等省市输水任务，兼顾灌溉、发电。中线工程通水至2018年5月28日，已累计安全运行1264天，总调水量143亿多立方米。

一渠碧水荡漾，两岸绿茵如毯，与青山相映成辉。脚底下，隐隐震荡，供水正进行。

是啊，水源地人民牢固树立绿水青山就是金山银山的绿色发展理念，持续加强生态文明建设，既有力服务了南水北调中线工程建设，确保了一渠清水永续北送，又推动了全市经济社会持续快速健康发展，实现了服务南水北调与转型跨越发展的良性互动，奏响了新时代的绿色乐章！

第四章

第一个受益的城市

21

叶公好龙是一个成语，比喻自称爱好某种事物，实际上并不是真正爱好，甚至是惧怕、反感。据说，此成语出自今河南叶县。

原文是，叶公子高好龙，钩以写龙，凿以写龙，屋室雕文以写龙。于是天龙闻而下之，窥头于牖，施尾于堂。叶公见之，弃而还走，失其魂魄，五色无主。是叶公非好龙也，好夫似龙而非龙者也。

叶公即春秋时楚国叶县县令沈诸梁，名子高，封于叶。

今天的叶县人，把叶公沈诸梁称为历史上著名政治家、军事家，称叶县为世界叶姓华人的发祥地，由衷引以为自豪。他们也曾为护城河水而骄傲，而烦恼。他们并非"叶公好龙"，却是真的骄傲，真的烦恼。

20世纪80年代，河水清澈，有人还在护城河里游泳。河边有老城墙，很多人在城墙上玩大。古老的县城带给他们的是浓浓的文化气息。

然而，从2006年开始，因为城市发展迅速，加上无序开发建设，护城河成了最大的排污通道。走在护城河边，酸臭喷鼻，人们匆匆而过。

几年大旱，护城河里只剩下几滴眼泪。

为了还护城河生机，叶县开始实施护城河河道景观提升工程，整治河道，截流导污，建设叶县的"南水北调"项目，把澧河水通过渠道引进护城河。

但是，工程完工后，水源如何保证，成了第一大难题。澧河，虽然离县城不远，但不时断流，几缕弱水苟延残喘。因为河流上游孤石滩水库入库水量少，下游河水流量有限，河床裸露现象时有发生。

2017 年，叶县的"南水北调"工程建成，经夏李、任店、城关三个乡镇，将澧河水引至护城河，十几年的污水河终于不臭了。但是，因为水少，没有流动的迹象，护城河水面上积满了树叶，时间一长，水质再次变差。

叶县又实施了水系连通工程，把护城河与下游的灰河沟通。澧河、护城河和灰河之间实现水的流动，使护城河变得年轻而美丽。然而，叶县本身就是一个缺水的地方，河道里的水依然捉襟见肘。

这时，南水北调似一条巨龙，翩翩而来！

2018 年 5 月 9 日，一个平平常常的日子，附近村民却成群结队来到澧河退水闸，兴高采烈地望着闸门缓缓开启，望着绿油油的南水北调来水，淙淙进入了澧河。

南水北调生态补水，护城河得到了一次"畅饮"，水又深又清，可见鱼虾。

河水清清，微风习习，柳枝轻拂水面，谁不惬意。

不少市民来到河边戏水，感受久旱逢甘霖的喜悦。

到当年 6 月 29 日结束，南水北调共向澧河生态补水 1033 万立方米。

市民们明白了，护城河里的水来自澧河，来自南水北调。

他们用上了长江水！

叶县南水北调配套水厂位于九龙街道西李庄村北部，总投资 1.4 亿元，设计日供水能力 7 万吨。当时一期工程已完工，供水能力 3.5 万吨。其主管网主要分布于城区玄武大道、昆阳大道、中心街、南大街及盐城路等路段，覆盖城区 18000 多户居民用水，占整个城区约三分之一。

"我们自从用上南水之后，我家的净水机下岗了。"他们喜悦地说。

叶县更换饮用水水源后，南水北调配套水厂选用强化常规净水工艺，严格依据国家相关标准对水源水、出厂水、管网水进行检测，定期向权威机构送样检测水质，出具的水质化验报告单在政府网站上公示，确保水质达标、安全。

经水质化验，各项指标均达到《生活饮用水卫生标准》，自来水硬度由原来的每升 385 毫克降至 120 毫克至 130 毫克之间。

不仅城区居民饮用水品质大幅提升，也有效缓解了地下水资源过度开采的问题，助推市政供水管网功能完善，提升了经济社会发展的速度和品质。

南水北调配套水厂二期工程 2021 年完工，届时其供水能力将满足叶县整个城区供水需求。

南水北调的水来到叶县，将使叶县形成一个以丹江口水库水为主水源、地下水为备用水源的多种水源给水系统，这样不仅可改善叶县水源单一的局面，使叶县城市需水量得到满足，同时更好地保护和改善水环境。

南水北调从叶县来到平顶山市，平顶山人民竟然说这是救命之水！

22

"南水北调工程救活了平顶山市！"

"平顶山是南水北调中线工程第一个受益的城市！"

2014 年汛后，高温、少雨、干旱天气持续发展，河南省中西部和北部部分地区发生较为严重的旱情。河南省平均降雨量 96 毫米，较多年同期均值偏少 60%，较去年同期偏少 44%。特别是 6 月份之后，高温时间长，平均降雨量仅有 90.2 毫米，是 1951 年以来最小年份，呈现严重的气象干旱。

平顶山市遭遇旱魔袭扰，曾一望无际的白龟山水库干涸了，库底部分龟裂，村民开拖拉机到湖心岛去；曾经可以行船、可以打鱼的澎河断流了，部分河床裸露；曾经绿油油的玉米，大片大片枯死，枯黄的叶子一点即燃；曾经供村民饮用的水井枯竭，自来水只能限时供应。村民用各种器皿储存生活用水，或者去远处拉水吃。

河道断流，土地干渴，粮食减产，无水可饮！

汝州告急，郏县告急，鲁山告急，叶县告急，市民告急！

在白龟山水库一侧，无数的市民望着干涸的水库，目光焦虑、焦急、焦灼。

平顶山严重缺水问题，牵动了国家及河南有关部门，决定从丹江口水库向平顶山市应急调水。

应急调水方案迅速出台。

在南水北调总干渠邓州市的刁河渡槽控制闸架设临时泵站，通过 200 余公里南水北调干渠到达澎河渡槽，经退水闸流入澎河，再进入白龟山水库，之后向平顶山市区供水。

国家防总批复，此次调水横跨河南湖北两省、长江淮河两岸，调水总量 2400 万立方米。

这是南水北调中线工程正式通水前首次利用总干渠实施调水，平顶山成为南水北调中线工程的首个受益城市。

此次调水也是河南省首次从长江流域向淮河流域调水。

从 8 月 6 日正式开始调水，至 8 月 18 日晚上 10 时，丹江水终于经过南水北调总干渠和澎河河道，抵达白龟山水库。

干涸的澎河和白龟山水库，终于耐心地等来了丹江水。

"快来看啊，救命水来了！"翘盼已久的市民奔走相告，纷纷来到水库边。

"丹江的水甜，没有污染。"鲁山县环保局的工作人员对水质进行实时监测。

"我们有了丹江口水库那个大水源，以后再也不会缺水了。"村民说。

白龟山水库恢复了往日的碧波，甘霖淙淙流入市民家中。澎河荡漾着波光，再现小船帆影。有村民拔掉了枯死的玉米，种上了萝卜、白菜……

丹江口水库向白龟山水库应急调水，历时45天，累计调水5011万立方米，有效缓解了平顶山城区100多万人的供水紧张问题。

三年后，南水北调工程再次向平顶山市补水。

2017年9月，受华西秋雨的影响，丹江口水库蓄水量丰富。当年9月底至11月中旬，通过沙河渡槽退水闸和澎河分水口，南水北调中线工程共计向白龟山水库进行生态补水2.05亿立方米。与此同时，白龟山水库向下游沙河、叶县补充地下水。这也成为白龟山水库作为南水北调的年调节水库，向城区供水的全新范例，为建设生态、安全、美丽平顶山发挥了不可或缺的重要作用。

2018年5月，按照水利部办公厅《关于做好丹江口水库向中线工程受水区生态补水工作的通知》要求，在保障完成2017—2018年度水量调度计划的前提下，平顶山市按计划再次开展生态补水。通过澧河退水闸向澧河补水1000万立方米，通过沙河退水闸向白龟山水库、沙河补水3000万立方米，通过北汝河退水闸向北汝河、沙河补水1600万立方米。

清澈的丹江水为平顶山市注入了生机和活力，提升了生态景观效果，对气候的调节、生态环境的保护都有积极意义，也为市民休闲娱乐提供了良好的水环境。

平顶山市既是受益者，又是护水者。确保一江清水北送，依然是他们的神圣使命。

23

平顶山又称鹰城。

鹰城人文历史悠久，自然资源丰富，产业优势突出。然而，水资源并不十分丰富，人均水资源仅占全国人均水资源的 1/5，依然属极度缺水地区。从时间上来说，降水主要集中在 6 月至 8 月，降水量占全年的 60%；从空间上来说，南多北少，山区多平原少。

恰恰，南水北调中线工程穿境而过，成为平顶山市的一条血脉。

南水北调中线工程平顶山段，从南阳方城县进入叶县保安镇，途经叶县、鲁山县、宝丰县、郏县 4 县 17 个乡镇，于郏县安良镇跨越兰河后进入许昌禹州市，在平顶山市境内全长 116.7 公里。穿越大小河流、沟道 113 条，设渡槽、涵洞、倒虹吸、桥梁等建筑物 223 座，4 处较大交叉工程为：沙河渡槽、北汝河倒虹吸、澧河渡槽和宝丰火车站暗渠工程。

他们把神圣使命落实到实际行动中：

南水北调输水总干渠与地方河道为交叉形式，与地方水系完全隔离。对于挖方段，设置了完善的截流、倒流措施，确保强降雨天气可能引起的洪水能有效地排至地方水系。除了自然雨雪入渠外，无外水入渠。

输水总干渠与地方灌溉渠道、铁路、公路等相交处，采用了设置排水管、拦水坎，储备水污染应急物资等防止水质污染的立交工程措施。

沿总干渠两侧设置了永久隔离网，避免无关人员进入渠道。永久征地绿化带内通过合作造林等形式设置了防护林带，有效保障了工程安全，提升了工程形象。

在日常管理方面，包含日常巡查、藻类日常监控，漂浮物管理、污染源管理、水质应急几个方面。水质应急主要是针对突发的水污染事件，制定了应急预案流程，并对流程进行规范化演练，一旦发生水污染事件，可以按照既定流程进行紧急先期处置。

根据原国务院南水北调办和河南省政府的安排，平顶山市境内总干渠两岸分别布置了生态廊道，可见侧柏、大叶女贞四季常绿，中间的生产道路平展如新，生态廊道与一渠清水携手并行。

南水北调总干渠出境断面水质检测常年优于Ⅱ类水。

使命光荣，任务艰巨。

调水、供水、补水，沙河渡槽功不可没。沙河渡槽是目前世界上规模最大的渡槽工程，在鲁山县境内，有着更多的传奇。

24

鲁山县地处河南省中西部，伏牛山东麓。

鲁山古称鲁阳，自汉置县，唐始名鲁山至今，有2000多年历史。这里曾孕育出春秋战国时期伟大思想家墨子等一大批历史文化名人。境内有中国最古老的楚长城遗址，汉代名将张良、萧何、韩信的练兵、屯兵场，西汉冶铁遗址和唐代琴台遗址等。

鲁山还是革命老区，解放战争时期，邓小平、刘伯承、陈毅等老一辈革命家曾在此留下光辉的足迹。

在鲁山境内，拥3个世界第一：

中原大佛高达208米，雄伟壮观，为世界第一大立佛；

世纪吉祥钟重116吨，为世界最大的铜钟；

南水北调沙河渡槽全长11.9公里，是目前世界上规模最大的渡槽工程。

沙河渡槽气势恢宏，如龙行大地，穿沙河直奔远方。

沙河渡槽段工程起点为沙河南至黄河南段起点，位于鲁山县薛寨村北，终点为鲁山坡流槽出口50米处，与鲁山北段设计单元相接。工程设计流量为320立方米每秒，加大流量为380立方米每秒。起点断面设计水位为 132.4 米，终点设计水位为 130.5 米。渠段总长 12 公里，其中明渠长 2.9 公里，建筑物长 9.1 公里。

沙河渡槽跨沙河、将相河、大郎河三条大河，各类交叉建筑物共 12 座，包括沙河梁式渡槽、沙河——大郎河箱基渡槽、大郎河梁式渡槽、大郎河——鲁山坡箱基渡槽和鲁山坡落地槽，其中大郎河梁式渡槽采用多跨 U 型 3 孔连接方式，预应力预制整体吊装，槽墩间距 30 米，一次吊装重量 1200 吨，是当前国内最大的梁式渡槽。

沙河渡槽还布置左岸排水建筑物 5 座，节制闸 1 座，退水闸 1 座，公路交叉建筑物 4 座。

沙河渡槽的设计和施工中多项技术在国内外处于领先水平。渡槽规模大、架设重量大、架设难度大、结构复杂。沙河渡槽肩负着向河北、天津、北京等地输水的重要任务。

有人归纳了"数字沙河"，彰显人类的智慧和渡槽的壮观：

"1"沙河渡槽工程是世界第一大渡槽工程。

"3"沙河渡槽跨 3 条河流，沙河、大郎河和将相河。

"3"有梁式渡槽、箱基渡槽、落地槽 3 种结构形式。

"5"沙河渡槽共分为 5 段，沙河梁式渡槽、沙河—大郎河箱基渡槽、大郎河梁式渡槽、大郎河—鲁山坡箱基渡槽、鲁山坡落地槽。

"9"沙河渡槽全长 9.05 公里。

"30"梁式渡槽每跨长 30 米。

"57"梁式渡槽共 57 跨，其中沙河段 47 段。

"75"梁式渡槽单榀槽片钢绞线及钢筋重约 75 吨。

"228"梁式渡槽预制槽片 228 榀，其中沙河段 188 榀。

"320"沙河渡槽设计流量 320 立方米每秒。

"440"梁式渡槽单榀槽片混凝土量 440 立方米。

"1200"梁式渡槽单榀槽片重约 1200 吨。

"100000"沙河渡槽钢材用量约 10 万吨。

"1230000"沙河渡槽混凝土总量约 123 万立方米。

"1900000"沙河渡槽全线水量约 190 万立方米。

正是这些数字，创造了人类水利建设史上的又一奇迹；正是这些数字，支撑中华"大血脉"千里畅通；正是这些数字，给平顶山人民带来"感恩"的情怀。

25

白龟山是一座水库。

白龟山水库作为南水北调的调节水库，发挥着洪水资源化、跨流域水资源优化配置的社会效益和生态效益。

2014 年之夏，"平顶山市旱情告急""百万市民面临用水危机""白龟山水库三次动用死库容""低水位运行 59 天"等语句，迅速登上各大主流媒体的热搜。在这场人与自然的博弈当中，丹江口向白龟山水库应急调水 5011 万立方米，有效缓解了百万市民的供水紧张情况。

白龟山水库，也是平顶山人民的"大水缸"。

自 2014 年 12 月 12 日，南水北调中线工程正式通水之后，白龟山水库作为其受水水库，满足了平顶山市的用水需求。2017 年 9 月、2018 年 5 月，丹江口水库先后向白龟山水库进行生态补水。仅仅是白龟山一座水库，生态补水总量就占到河南全省的 69%。

而白龟山水库，向下游的沙河、叶县补充了地下水。

2017 年 1 月至本文截稿时，白龟山水库累计生态补水就高达 2.47 亿立方米。这个数据已经超过了水库的兴利库容 2.36 亿立方米，为建设生态、安全、美丽的平顶山发挥了不可或缺的重要作用。

白龟山水库，水天一色，烟波浩渺。她既有湖的秀姿，又有海的气魄，是中原大地璀璨的明珠，是新中国实施的大型水利工程。

1958 年，白龟山水库正式开工兴建。

"白龟山水库"，又称"白龟湖"，位于淮河流域沙颍河水系沙河干流上，总库容为 9.22 亿立方米，兴利库容为 2.36 亿立方米，是一座以防洪为主，兼顾农业灌溉、城市供水、河道生态供水等综合利用的大（2）型水利枢纽工程。

白龟山水库建成后，在她的护佑下，曾经"三年两决口"的沙河堤防安澜五十余载；在她的保障下，缺水的平顶山市工业、生活用水有了宝贵的"不竭"水源；在她的滋润下，50 万亩良田旱涝保收，为中原粮食生产做出了突出贡献。

水库的安危，直接关系着下游人口、耕地，以及众多工矿企业的安危，白龟山水库重要的地理位置，作用巨现。

白龟山水库自投入运行 60 年来，见证了改革开放 40 年平顶山新兴工业城市的发展变迁。1978 年至 2017 年，累计供水总量约为 39 亿立方米。作为南水北调中线工程的调节池，她源源不断把清水送往北方。

畅饮南水北调之水，平顶山人民走进新时代。

随着当前社会主要矛盾的转变，平顶山市民对美好生态环境的需要也在悄然发生变化。蓝天白云、繁星闪烁，清水绿岸、鱼翔浅底，吃得放心、住得安心，鸟语花香、田园风光已成为广大市民最关注的民生热点。为此，平顶山人民将"绿水青山就是金山银山"的生态文明理念，不断植入城市发展的顶层设计。

在新城区附近，可见两个国家级湿地公园。

白龟山水库北岸，是白龟湖国家湿地公园。公园规划建设面积 6.73 平方公里，其水系与白龟山水库水体相通，湿地用水得到充分保障。这里也有小桥流水，也有芦苇丛丛，也有白鹭翩翩。2014 年 9 月，白龟湖国家湿地公园被原国家林业局授予"国家生态文明教育基地"，是平顶山市首个通过验收的国家级湿地公园。

在平顶山城市西侧新老城区的结合带，还有一处白鹭洲国家城市湿地公园，占地面积约 1350 亩。它是结合采煤塌陷地独特的湿地环境改造的城市休闲公园，其水源主要依靠白龟湖国家湿地公园进行补给。这样，白龟山、白龟湖、白鹭洲连通，水流淙淙。岸上的树木、行人倒映水中，隐约灵动。

南水北调中线工程对白龟山水库应急调水、供水及生态补水，在沙河河道里下渗，补给地下水源，受水区超采的地下水和被挤占的生态用水得以置换，生态环境大为改善，沙河沿线城市地下水水位明显回升，实现经济、社会、生态的良性循环与发展。

南水北调中线工程对白龟山水库水生态文明建设具有不可替代的重要意义，它直接催生了平顶山人民绿色发展的探索与实践，湛河综合治理工程，可见一斑。

26

湛河古称湛水，属沙河水系，发源于新城区马跑泉，干流全长 40 余公里，主要支流 18 条，流域面积 219 平方公里。

湛河是平顶山市的母亲河，养育了两岸一代代儿女。

当国家重点工程南水北调将从平顶山穿过的时候，平顶山人民感到了湛河给他们带来的耻辱和伤害。曾经，湛河流域污染严重，垃圾堆积如山，臭味怪诞四溢，黑水肆意横流。专家给出的数字是，主河道水质为劣Ⅴ类，18 条主要支流多为臭水沟或垃圾沟。沿岸人民不愿在河边行走，不敢开窗透风。他们强烈要求对湛河进行治理。

2013 年 6 月 5 日，平顶山集全民之智，向湛河的污染宣战。

他们提出了"河畅、水清、岸美、生态"的治理目标，明确"核心是治污，关键是引水，重点是生态"的工作要求。从 2014 年 1 月 16 日治理工程开始至本文截稿时，总投资近 50 亿元，实施"截污治污、河道治理、引水补水、景观绿化"四大工程，对湛河实施综合治理，顺应人民群众改善生活环境的迫切期待。

治理后的湛河，河水清澈，河草茂盛，偶有燕子时而戏水，时而在空中飞翔。这时的平顶山人抑制不住内心的自豪，把他们的治水经验制成展牌。

平顶山截污治污，可谓全力以赴。

他们制定了"就近处理、重复利用"的原则，确定了"西分、北截、南调、中加强"的思路。"西分"就是将湛河上游、香山沟、平郏路、平安大道西延污水引入新城区污水处理厂；"北截"将北部污水截入污水管道；"南调"建成了稻田沟、师专沟、吴寨沟和二泵站四处调水工程，将湛河北部污水调入湛南；"中加强"疏通改造了湛北暗涵、湛北堤内管，新建湛北路干管。

2016 年 9 月 6 日，他们实现了"污水进管、清水进河"的目标。2017 年 12 月 13 日，吴寨沟污水南调枢纽工程启用，标志着湛河治理治污工程"北水南调"设想全部实现，每天 13.5 万吨污水不再经过提升直接自流进入污水处理厂，不仅节能降耗，而且调度更加灵活可靠，实现了污水管网和两个污水泵站、三个污水处理厂运行工况的优化升级。

而河道治理，则因地制宜。

他们以防洪排涝为目标，源头段按照原始自然味和"三清一净一绿化一队伍"的标准进行治理，上游刘庄沟至乌江河口段采用 50 年一遇、乌江河口至白灌渠段采用 100 年一遇、白灌渠至沙河口段采用 20 年一遇防洪标准。

上游堤顶道路已贯通，老城区段河道平台滨水步道全部实施了连通工程，建成跨河桥梁使湛河南北往来便捷通畅。新建改造橡胶坝，将湛河装点成"不是高峡也出平湖"的美景。

多管齐下，引水补水，成为一大亮点。

湛河为季节性河流，对河道补水是湛河治理的关键。他们争取昭平台、白龟山的供水指标，通过实施昭平台湛河联通工程，进入湛河源头；通过朱砂洞引水工程，将白龟山水库生态水从新城区井营引入湛河。

这样，南水北调中线工程向白龟山水库补水，而白龟山水库又向湛河补水。南水北调中线工程与湛河，竟然是"一衣带水"的关系，也透射出"大河没水小河干"的哲理。

千方百计打造绿色景观，也是他们努力的方向和行动。

湛河治理，融入了诸多平顶山文化元素，形成了独具特色的风景。源头新城区新建了游园，宝丰县将历史传说融入"五泉"景观，沿河种植了经济林，建成荷花园，带动两岸经济、文化、旅游业发展。沿主河道两岸新建了生态文化公园，以观音文化为主题，通过水与岸的交融体现自然与和谐；乌江河口公园西段以"水"为特色，形成较大水面，让人们亲水、嬉水；东段在保留原有槐树林的基础上，又建成独具特色、保留城市记忆的槐香园；国铁桥至许南路段新建沿河绿化景观带，距离长、面积大，填补了东部没有公园的空白。

的确，他们的全流域规划、全河道治理的理念，河道治理与海绵城市建设紧密结合的理念，新建污水管网互联互通、尽可能自流输送的理念，河道治理与景观建设相结合，实现治河功能多样化的理念，引水与蓄水相结合，最大程度地发挥水资源效益的理念等，可以概括为规划设计理念先进、科学合理、符合实际。

湛河治理也只是平顶山市受益南水北调工程的一个缩影。

南水北调工程无疑成为平顶山现代水利体系建设的重要支撑。他们以城市水系连通为重点，突出抓好引水、供水工程建设，促进昭平台、孤石滩、燕山、白龟湖、南水北调中线干渠"四湖一渠"联动贯通，形成蓄泄兼筹、丰枯调剂、多源互补、调控自如的城市生态水系。

以实施南水北调工程为契机，确保一江清水永续北上，讲好环境治理和污染防治的平顶山故事，正是平顶山人民津津乐道的话题。

27

平顶山市位于中原腹地，因市区紧邻"平顶如砥"的平顶山而得名，是新中国第一座自行勘探设计的特大型煤炭基地。它从一个煤城，华丽转身为中国优秀旅游城市、国家卫生城市、国家园林城市、国家森林城市。

2014 年南水北调中线工程通水以来，平顶山人民以南水北调工程沿岸生态建设为契机，及时转变发展观念，大力推进全市生态文明建设，以"绿水青山就是金山银山"理念为指引，按照"全绿色理念、全区域规划、全循环发展、全创新驱动、全产业开发、全社会参与"的主旨，建设美丽的鹰城。

面对环境污染底子厚、指标提升空间小，与绿色发展要求差距大等实际问题，平顶山市坚决打好环境治理和污染防治攻坚战。

首先聘请以清华大学五名院士为顾问的北京中科宇图公司专家团队驻地工作，对能源、化工、电力等企业把脉会诊，深入分析气象要素与污染态势，形成"专家指令"，限时调度落实。多次邀请中国工程院院士等全国知名专家现场调研指导，定向座谈讲解，普及专业知识，做到科学治污。

继而购置 500 多台环保专用车辆，建成 100 个监控微站，对重型运输车辆、工程重型机械，安装尾气处理装置，对渣土车全部登记、进行密闭改造、安装 GPS 定位，通过无人机航拍监控、工地视频监控、工业企业在线监控、机动车尾气遥感监测等手段，实现对工业源、交通源、生活源等进行全方位、立体化防控，做到精准治污。

关键环节是建立健全由市攻坚办和专家组组成的科学治污指挥体系，由各县（市、区）、有关部门、乡镇（街道）组成的协调联动工作体系，由市攻坚办督查组和百余名后备干部组成的督查体系，由市纪委牵头的责任追究体系，突出标本兼治，强力推进环境污染综合治理。对全市 VOCs 企业、ODS 企业和"十小"企业全面开展巡回执法检查，对违反环保法的，严厉处罚；对环境整治工作不力的，严肃问责，做到坚持依法治污。

重要的是平顶山市委、市政府领导以身作则，真督实查，动员全市干部群众积极投身压煤、降尘、控车、迁企、减排、治烟、优油、畅路、净水、增绿"十大攻坚行动"。奖励群众举报，运用各种媒体进行广泛宣传，形成了人人参与的攻坚氛围，做到全民治污。

连续两年，平顶山市实现 PM10、PM2.5、优良天数三大指标"两降一增"，被评为"河南省大气攻坚优秀单位"，城市集中式饮用水水源地水质达标率保持 100%，地表水出境断面平均达标率 96.4%。河南省在大气污染防治专项资金和水生态补偿奖励资金上，给了平顶山市最高的奖励。

这样的成绩，当之无愧；南水北调，功不可没。

第五章

从"干渴之城"到"水润之城"

28

南水北调给许昌的嬗变，是从"干渴之城"到"水润之城"。

许昌地处河南省腹地。从郑州南行，依伏牛山脉、中岳嵩山东下，从黄淮海大平原沿西北方向，都可抵达许昌。

《三国演义》中，提到频次较多的，或是许昌。

三国时期，魏称颍川郡，属豫州，建安区、颍阴县、鄢陵县、长社县等皆属颍川郡。许昌为魏五都之一。魏国魏黄初二年（221年），魏文帝曹丕以"汉亡于许，魏基昌于许"，改许县为"许昌县"。许昌成为当时中国北方的政治、经济、文化中心，是中国三国文化之乡。

"曹丞相府"可见一斑。

曹丞相府景区位于许昌市老城中心的繁华地带，是国内第一个全方位展示东汉末年曹魏文化的主题景区，也是许昌市重点旅游项目。曹丞相府景区主体建筑为仿汉代风格，景区主要由魏武游园、曹操塑像、艺术照壁、府衙、东西望楼、求贤堂、议事堂、赋诗楼、围廊、藏兵洞、相府花园、青梅亭、宴楼、浴楼、珍宝馆等标志性建筑群构成，景区外围有帝王街、将相街、才子街、佳人街、三国演义大舞台等旅游配套项目与之相辅相成。

许昌古称"许",源于尧时,高士许由牧耕此地,洗耳于颍水之滨而得名。许昌远古时期称许地,西周时期称许国,秦朝置许县,自古就是兵家必争之地。

许昌人会说,许昌是全国瓷器的重要发祥地,世界上独一无二的钧瓷,"入窑一色、出窑万彩",是中国五大名瓷之首,因此许昌被称为"钧都",是中国陶瓷文化之乡。

他们还说,许昌是全国三大烤烟发源地之一、全国四大药材集散地之一、中国北方著名的花木种植和销售基地,还被称为中国蜡梅文化之乡、中国烟草文化之乡,享有"花都""烟都""药都"之美誉。

交通区位优越、产业特色鲜明、生态环境优良、发展活力充沛、发展空间广阔等,都是许昌人向上汇报或向外传播的句子。许昌境内只有北汝河、颍河、双洎河和清泥河等较大的河流,然而降雨相对偏少,人均水资源占有量只有 210 立方米,被称"干渴之城"。

缺水,其实是许昌经济社会进一步发展的最大瓶颈。

许昌引黄河水、淮河水,尤其抢抓机遇引南水北调之水后,出现"碧水绕莲城,魏都展绿姿"的新貌。一个居者心怡、来者心悦的产业之城、宜居之城、文化之城正在快速崛起,犹如一颗璀璨的明珠,镶嵌在中原大地,熠熠生辉。

从"干渴之城"到"水润之城",许昌实现了怎样的嬗变?

29

许昌自古就有"莲城"之美誉。

早在唐宋时期,许昌城河中遍植莲花,曾有"一城荷花半城柳"之说。水，润泽了莲城；水，靓丽了莲城。然而，近半个世纪，旱魔当道，许昌惨遭缺水之苦。人均水资源量是全国的十分之一，不足河南省人均的一半。20世纪80年代，许昌曾被列为全国40个严重缺水的城市之一。

许昌人感悟最深的是盼水之情、亲水之欢、缺水之痛。

2013年6月，水利部在全国选择水生态文明城市建设试点，许昌市抓住机遇，倾力打造"全国水生态文明建设试点城市、许昌水系连通工程和50万亩高效节水灌溉工程"三大水利项目，开启了兴水活水的和谐共生之路。

在三大水利项目中，水生态文明城市建设试点市是引领性的项目。

他们当初就提出了较高的目标，即把党的十八大提出的生态文明建设作为行动指南，尊重水系自然条件，维持水系健康生命，正确处理水系保护与综合利用的关系，科学引导水系功能，开展水生态修复，完善水文化景观体系，具体规划安排了9大类别55个示范工程项目，采取工程措施和非工程措施，同步推进水资源管理制度体系建设。2016年4月工程完工时，形成了以82公里环城河道、5个城市湖泊、4片滨水林海为主体的"五湖四海畔三川、两环一水润莲城"的水生态体系和特色鲜明的水文化景观体系，构建"林水相依、水文共荣、城水互动、人水和谐"的水生态文明城市。

"五湖"是指新开挖建设300亩左右水面面积的五个湖泊，即芙蓉湖、北海、鹿鸣湖、秋湖湿地、灞陵湖；"四海"是指在河流出入城区处建设的4处大型生态林带，总面积10万亩；"三川"是指流经市区的饮马河、清潩河和灞陵河；"两环"是指运粮河和灞陵河环通、护城河环通并开通游船；"一水"是指一个多源互补、蓄泄兼筹、配套齐全、功能完善的城市生态水系。

南水北调工程给许昌补充了水源，但他们并没有忘记节水，而是把"节水优先，绿色发展"作为重中之重来抓。许昌坚定"节水优先"的治水思想，全面启动实施最严格水资源管理制度，先后出台了一系列制度和配套措施，全面推进节水型社会建设。

正是这样，许昌成为河南省第一个把最严格水资源管理制度考核纳入经济社会发展考评的省辖市，在全省2014年度和2015年度实行最严格水资源管理制度考核中，连续两年取得第一名的好成绩。

而在2013年4月荣获"国家节水型城市"荣誉称号后，许昌持续深入开展节水工作，强力推进自备井关闭，推广节水灌溉等一系列措施。

2016年12月，试点期示范项目全部完成；2017年4月，以92.5的高分通过水利部和河南省政府的联合验收；2018年3月，许昌市正式被水利部命名为全国水生态文明城市。

忽如一夜春风来，古城许昌水通了、景美了，城水相依互动，人水和谐共生。正是：

一桥河上横，

诗画韵无穷。

涟漪濯清莲，

花开别样红。

在许昌，占地3300亩的中央公园碧水环绕，绿树如荫，鲜花盛开，游人如织；拥有近500年历史的护城河，再现"十里荷花半城柳"的风采，荷在水上漂，柳从水中行；北海、鹿鸣湖、芙蓉湖、秋湖湿地公园、灞陵湖，五个波光潋滟的湖泊，如同五颗镶嵌在许昌的蓝宝石，引人入胜；清泥河、清潩河、学院河、护城河、运粮河等碧波荡漾的河流，又是拥抱着许昌蓝色的飘带，将游人也揽入怀中。

因水而兴，因水而美，"曹魏故都"或叫"水韵莲城"。

30

北海公园是许昌市水生态文明城市建设示范项目的核心组成部分，与芙蓉湖、鹿鸣湖、灞陵湖、秋湖湿地并称"五湖"，贯通"四海三川"，承载着整个城市的"水之灵、水之魂"。

在一块展牌上写道：

北海公园规划总面积1600亩，其中水域面积380亩，绿化景观及其他面积1220亩，累计开挖河道2.7公里，完成投资3.5亿元。一期工程始建于2012年5月，2013年5月30日对游人开放。二期续建及退水工程承担着向市区水系补水的功能，是水系环通的主要来水源。规划总用地面积约870亩。其中：水域面积400亩，绿化景观及其他面积470亩。

一期呈现"一轴、一心、一带、多廊、五组团"的空间形态结构。

"一轴"——城市南北向生态景观轴；"一心"——北海中心水景景观核心区；"一带"——以园区环状主路为载体的文化纽带；"多廊"——多条景观廊道渗透廊；"五组团"——城市舞台区、生态观赏区、休闲健身区、风情商业区及民俗商业区。主要建设内容包括：中心水景、音乐喷泉、游园道路、景观廊道、舞台区、观赏区、休闲健身区等。

二期规划主题则为龙腾四海，主要内涵是秉承龙文化，提取文化图腾，打造地标性"城市蓝厅"。

规划布局"一带、四海、多轴"构成完整生态系统，按照"亲水""环湖""分段""塑心""显轴"的空间发展理念，围绕工程项目建设打造许昌市建安区中央滨海生态休闲娱乐、港湾商业、体育广场、儿童乐园、水岸居住等功能板块。项目主要建设内容包括原北海湖挖深扩容、带状水系河道开挖、驳岸砌筑、两侧园路、桥涵、广场、景观绿化、植物种植等。

从北到南，延伸至东，蜿蜒柔洄，犹如一条龙的图腾。

北海公园由北海、中海、南海、东海四部分组成，寓意龙腾四海。在南海和东海之滨，正在建设中原水乡·北方周庄项目，占地2200亩，概算总投资近100亿元。项目以水生态为依托，以旅游为主导，以汉魏文化为灵魂，以滨水式商业街为功能板块，以汉魏新城为建筑风格，建成"宜居宜业宜游"的水乡小镇。

这个水乡小镇犹在眼前。

水系连通，阡陌纵横，景水相融，绿树成荫，尽显小桥、流水、人家雅韵风情。谁说北方没有"小桥、流水、人家"，长江水已经到了北方，一切都有可能！

31

"呦呦鹿鸣，食野之苹"。曹操《短歌行》中诗句，成为许昌的"鹿鸣湖"。

早在一千七百年前的东汉时期，这里就是一片绿草茂密鹿群遍野的地方。鹿鸣湖作为许昌"五湖四海畔三川、两环一水润莲城"中的五湖之一，其定位为城市体育公园，或许源于此。

鹿鸣湖在许昌市的政治、经济、文化中心，即许昌市委市政府所在地东城区。

2013年7月，许昌市被水利部列为全国首批水生态文明城市建设试点后，他们在水生态文明城市建设中，高标准打造许昌市曹魏故都水利风景区项目。经过三年的建设，中心城区河湖水系连通工程完工并成功蓄水，丹江水、黄河水、汝河水汇于许昌，昔日的"干渴之城"变为清流潺潺的"水润之城"，提前实现了"河畅、湖清、水净、岸绿、景美"的目标，形成了融合三国文化、都市生态文化和魏都风情文化于一体的曹魏故都水利风景区。

鹿鸣湖项目规划总占地 3885 亩，其中游园面积 1308 亩，水域面积 360 亩。围绕生态优美的总基调、时尚健康的大主题，优先打造了一滩三区六平台的水体景观，还在沿湖周边精心布建了"一山、十园、十林和十个广场"。鹿鸣湖是由引水渠、退水渠和主湖区三部分组成，水位常年控制在 3 米以上，蓄水量达 38 万立方米。

环湖步道上，多功能运动场、儿童游乐场、门球场、足球场。场内人员熙攘，或动或静，或曲或直，或蹦或跳，或蹲或立，或跑或走，或唱或喊。有白天鹅翩翩绕飞，欣赏湖清、水静、岸绿的美景，感受润心润肺的清新空气。时而龙舟队驶过……

许昌，给人太多的思考。

一个缺水的城市成为令人惊艳的"北方水城"，其"幕后功臣"到底是谁？"小道消息"称：原先计划给许昌的南水指标相对较少，正是许昌积极争取，获得了较多的"生态之基"。南水北调几次向颍河应急补水，在保证全市居民生活生产用水的同时，为全市水系提供了源源不断的生态水源。

许昌走出一条以水为魂的生态文明城市创建之路。

在荷香中入梦，在水声中醒来。

这里是许昌，不远处便是禹州。

32

禹州隶属许昌市。

颍河的水，从禹州淙淙而过。

站在禹州褚河大桥上放眼北望，颍河水面宽阔，碧波荡漾，两岸成排的杨柳郁郁葱葱，环河道路上有前来锻炼和游玩的市民。河水清清、绿草茵茵，颍河岸边成为市民健身休闲的好去处。

站在桥上，可以遥望禹州悠久的历史。

禹州市被誉为华夏第一都，历史是中国第一个奴隶制王朝——夏朝的建都地。穿禹州而过的颍河，又被称为"大禹治水第一河"。上古时代，洪水滔滔，生灵涂炭。大禹子承父业，受命治水。他居外十三年，三过家门而不入，导壅滞的洪水通向入海河流。

大禹治水成功后，舜帝论功行赏，赐姓姒，又扩大其封地，称其封地为夏，大禹遂称为夏禹。《水经注·颍水》称："颍水自堨东，迳阳翟县故城北，夏禹始封于此，为夏国。"

颍河发源于河南嵩山南麓，经登封、禹州、襄城、许昌、临颍、西华、周口、项城、沈丘，于界首入安徽省，经太和、阜阳，在颍上县正阳关注入淮河，为淮河最大的支流，其主要支流为沙河，故被称为沙颍河。

颍河是一条古老的河流，古称颍水，为"八流"之一。

古人将四条独立入海的大川称为"四渎"，就是河（黄河）、江（长江）、淮（淮水）、济（济水）。"四渎"的主要支脉为"八流"，分别是渭水、洛水（黄河支脉），汉水、沔水（长江支脉），颍水、汝水、泗水、沂水（淮水支脉）。

颍河上游流域是中华文明最重要的发祥地，龙山文化等重要文化遗存遍布颍河两岸，其中有证实夏朝真实性的河南禹州瓦店遗址。在颍河两岸发生过众多重要的历史事件，留下了颍川文化等一系列的灿烂文明。因此，颍河与黄河、伊洛河一同成为中华文明之源。

1979 年，在禹州市瓦店村，发现的一处新石器时代遗址，主要包含有龙山文化的早、中、晚期遗存，并以晚期遗存为主。遗址的发掘使全国中华文明探源工程再呈亮点之一，历史史实证实禹州为"华夏第一都"。

然而，禹州的母亲河——颍河，确实是水旱频发的河流。

颍河中游是淮河流域暴雨中心之一，过去每当夏秋、洪水季节，常漫决成灾，有"决了母猪圈（漯河东面）淹掉颍州十八县"之说，颍河还屡遭黄河决溢泛滥之害，历史上洪涝灾害非常严重。

其中，2000年7月7日，禹州暴雨连天，颍河上游大水泛滥，水位上涨至近十米，滚滚河水顺流汹涌而下，造成下游大面积良田被淹。

其中，1994年冬季流经火龙镇的一段颍河，河水几近干涸。

洪水过后，千疮百孔；干旱之处，树木凋零。

河床裸露、垃圾成堆。

2006年，禹州市投入巨资，全面治理和改造颍河两岸景观带。

颍河两岸，堤坝一新、绿树成林。崛起的颍河桥，人来车往。上游的白沙湖，湖光山色，碧水连天。老东关那座上百年的石桥，见证了禹州的发展历史，也见证了颍河新貌。老北关街，人头攒动，熙熙攘攘，市民从此去河边游玩。

河道上，第一橡胶坝，多年前曾是亚洲最大的橡胶坝，水丰时节，莲叶连天，风景独好；第二橡胶坝、第三橡胶坝，如龙横卧，雄姿尽展。屡屡清水，似少女的柔发飘飘；潺潺之声，如幼儿的童音清脆。

颍河之水，养育了禹州人民，滋润了两岸风貌。

然而，到了枯水季节，一泓泓若水低吟。

南水北调中线工程向颍河补水，再现中华民族与水的神话。颍河水质提高了，水资源短缺状况缓解了，地下水资源涵养了，城市生态环境改善了……

一位禹州诗人，这样表达了他的乡愁：

为那些曾经受颍河水

哺育成长的

禹州儿女

带来童年的回忆

和心灵慰藉

更希望全国的同胞

回到华夏故都

寻根问祖

也真诚地希望

远方的游客

光临禹州

这座"水"的城市……

第六章

郑州故事

33

华北南部、黄河下游，有城名"郑州"。

自豪，她是国家历史文化名城，是华夏文明重要发祥地之一，为中华人文始祖轩辕黄帝的故里；她是中国中部地区重要的中心城市、特大城市、国家重要的综合交通枢纽、中原经济区核心城市；它是全国文明城市之一……

遗憾，郑州市多年平均降水量 40 多亿立方米，地表水水资源量 5 亿立方米，地下水资源量不足 10 亿立方米，地表水与地下水重复量为 3 亿多立方米，水资源总量为 11 亿多立方米，人均水资源量 179 立方米，亩均水资源量 256 立方米，是全国平均水平的十分之一，是河南全省平均水平的二分之一。

郑州属严重缺水地区！

多年来用水问题一直困扰着郑州市民，太多太多的夏季，断水更让人度日如年。

历史上，郑州水资源曾较为丰沛。全市共有大小河流 124 条，流域面积较大的河流就有 29 条。郑州市区内贾鲁河、金水河、索须河等十几条河流纵横交错。

但是随着自然变迁郑州缺水情况日益严重。2013 年，黄河主河床向北移动几十米，提灌站取不到水，郑州部分市区群众用水出现困难。

郑州航空港经济综合实验区、郑洛新国家自主创新示范区、中国（郑州）跨境电子商务综合试验区……随着一系列国家战略在郑州落地，近年来这座中原龙头城市步履如飞。随着经济社会的发展，人口的快速增加，水资源供需矛盾日益尖锐。

因为缺水，郑州市水生态环境也日益恶化。境内河流十河九枯，汛期降雨时才有水源，平时主要靠黄河补水。

华北危急！中原危机！

2014 年 12 月，丹江水跨越数百公里，从遥远的长江流域来到淮河流域，流向郑州市的千家万户。通水那天，郑州很多市民特意跑到总干渠，像迎接亲人一样迎接远道而来的南水。

南水北调总干渠在郑州市境内 129 公里，渠道水面达 1.5 万亩，犹如长藤节瓜，串起 150 个百亩水面的湖泊，对改善郑州居民的生活环境发挥着积极作用。

一渠清水，为郑州注入了新的生机活力。

郑州市每年分配丹江水 5.4 亿立方米。截至本文发稿时，丹江水已在郑州市区实现全覆盖。丹江水为郑州的发展夯实了水资源支撑，经济社会效益十分明显。

从前，土生土长的郑州人或许司空见惯，他们喝的任何茶茶水都有"土腥"味。直到南水北调工程通水，才比较出南水的甘甜。而外地人，从前在郑州住宾馆，不得不用矿泉水沏茶，后来直接畅饮长江水。

曾经家家户户打井，用水泵取水的地方，喝上了味道甘甜、清澈透亮丹江水；原本用于城市供水的黄河水被置换出来，助力郑州水生态建设；

原来无序超采地下水导致水位下降，地下水水位开始回升；从前的缺水瓶颈已经被打破，南水北调助力中原腾飞梦……

黄泛区，一个苦难的代名词。

黄泛区的地表以沙质土壤为主，无法形成地表水资源，地下水储量也极为贫瘠，掘井深度近年来更是屡创新高。

郑州航空港区就设在黄泛区。

随着航空港区的发展，对水资源的需求与日俱增。仅仅机场夏季一天就要用5000立方米左右的水。大量企业的入驻，更对水资源供应提出严峻考验。

南水北调中线工程的通水，为航空港区的发展破解了难题。郑州航空港区年受水量从根本上解决了"口渴"问题，完全可以支撑其中期发展，对中原外向型经济引领更加有力，成为港区招商发展的金字招牌，UPS、IAI、中兴、中部国际设计中心、国外领使馆、国际会展中心等影响力巨大的项目纷纷入驻航空港区。

南水，源源不断地从南水北调中线工程总干渠分水口门涌向郑州。一条新水脉，正让中原"龙头"高高昂起。南水北调惠泽郑州，送来丹江水也送来了绿带。

34

南水北调工程，给郑州市带来的不仅是丹江水，还有沿线一处处生态文化公园。水行清渠，岸吐锦绣。南水北调生态文化公园，如一条绿带，与长渠一起蜿蜒。

郑州航空港区经济综合实验段，似一首绿色的音乐悠扬响起。

东起S102，西至京港澳高速，南水北调中线主干渠两侧，并行两条宽宽的绿化带，总贯穿航空港区内部。综合实验段规划面积约295万平方米，干渠 100 米范围内，是一级水源保护地，绿树常绿、四季葱葱，百花成丛、小路通幽。

正是沿着长长的绿化带，郑州打造了南水北调生态文化公园。

公园集生态涵养、文化传承、休闲游憩于一体，展现中原魅力。在景观设计上，沿用"一水、两带、五段、多园"的功能性总体布局，形成了"林水相映，绿茎繁花"的景观结构。公园航空港区部分定位于科技文明、中原腾飞的主题；管城区则着重于展现遗址、传统的缩影；中原区围绕中原"福地"做文章，主要展示人、商、绿、城的和谐；二七区以"朝圣"为主题，展现历史人物长河；高新技术开发区着重于宜居"家园"的展示。

公园建设采用了"海绵城市"的理念，设置了大面积集水区，下雨时吸水、蓄水、渗水、净水，有需要时将蓄存的水"释放"并加以利用，可以有效防止城市内涝，也可以改善城市热岛效应。

这里，将地域文化特色揽入怀中，与城市腹地功能相结合。公园周边分布多个历史文化保护遗址，同时紧邻郑州园博园。周边用地主要为居住用地与公园绿地，成为承接园博园与苑陵故城公园的主要生态界面。

整个南水北调生态文化公园，规划建设长度达到 61.7 公里，总面积近 25 平方公里，这相当于 82 个郑州人民公园。

公园里还有自行车道、慢行步道，以满足市民不同的健身需求。园内交通设置以游览、安全、便捷为原则，形成了不同宽度等级道路组成的交通网络。

行走在南水北调生态文化公园里，感觉如同走在森林里一般。老年人悠闲散步，年轻人在球场打球，恋人依偎前行，鸟声起起落落……多么和谐的一幅幅画面。

南水北调绿水淙淙，将岸上的美景尽收。

高铁在桥上穿过，乘客探出惊羡的目光。

——这里是郑州，花园郑州！

35

贾鲁河，是郑州的"母亲河"。

今天的贾鲁河发源于新密市，向东北流经郑州市，至市区北郊折向东流，经中牟，入开封，过尉氏县，后至周口市入沙颍河，最后流入淮河，为淮河水系主要支流之一。

贾鲁河全长 256 公里，在郑州市境内长 137 公里，是郑州市最长的一条河流，流经市区的西部、北部，在东南部由中牟县出境，环抱整个市区。

她的支流有金水河、索须河、熊儿河、七里河、东风渠。

她是河南省境内除黄河以外河道最长、流域面积最广的河流。对郑州来说，黄河近在咫尺，但其大部分属淮河流域，贾鲁河是其一。

贾鲁河养育了世世代代的郑州人。

贾鲁河是一条千年古河。

有人考证，她的前身是楚汉相争时的"鸿沟"。《史记·项羽本纪》："项王乃与汉约，中分天下，割鸿沟以西者为汉，鸿沟而东者为楚。"由此，以鸿沟为界、楚汉对峙成为中国象棋棋盘上数千年不变的格局。

西汉时，鸿沟又被称作"狼汤渠"或"蒗荡渠"；魏晋以后称蔡河，仍为南北水运要道；至唐末河道渐淤。五代后周太祖显德年间、北宋太祖建隆年间，曾疏浚河道水入蔡河。蔡河水源充足，水量大增，漕运通畅，现"舟楫相继，商贾毕至"繁华景象。

贾鲁河是一条名河。

历史上，贾鲁河多次淤积。至元朝至正年间，基本淤废。贾鲁引入新的水源，重新唤醒了贾鲁河的生机。后人为了永远纪念这位水利专家、治黄专家，便把重新疏通的运河改称"贾鲁河"。

贾鲁曾担任过儒学教授、潞城县尹、户部主事，还参加过《宋史》的编修，后又曾任检察御史、工部郎中、行水督监等职，其间多次主持治理黄河水患，发明"沉船法"堵塞决口。因为平息黄河水患，形成我国治黄史上著名的"贾鲁治河"，贾鲁的名字也因此被载入史册。

贾鲁在堵住决口的同时，疏通了故道、开凿了新河道，其中包括他从密县（今新密市）凿渠引水，水流经过中牟等地后，折向南到达开封，而后入古运河，直达周口入淮河。这就是贾鲁河今天的走向。

贾鲁此举不但平息了水患，也复兴了开封一带的漕运，沿河商业随之很快兴盛起来。朱仙镇因此成为当时华北地区最大的水运码头，曾是享誉全国的四大商业名镇之一。

船只在奔流的河水上来往穿梭，民工在码头上弯腰屈身劳作，各种货物在岸边搬来运往，叫卖声在街市上此起彼伏，船工的号子或悠扬或铿锵或悲怆……

然而，贾鲁河是一条多灾多难的河。

到了清代中后期，黄河先后六次决口，洪水屡经贾鲁河，河道损伤严重。天灾人祸，贾鲁河命运多舛，甚至遭遇灭顶之灾。1938 年 6 月，蒋介石下令炸开花园口，导致黄河水再次漫天遍野地肆虐。大水过后，贾鲁河彻底荒废，其往日繁华湮灭在历史的尘埃中。

新中国成立后，贾鲁河的生命再次复苏。1957 年、1968 年，贾鲁河曾打响声势浩大的治理战役，治理后的贾鲁河减少了郑州的水患，为流域农田灌溉输送了源源不断的水流。

这时的贾鲁河，清净而美丽，生机勃勃。

随着水流的恢复，郑州也开始兴修水利工程。从 20 世纪 50 年代开始，贾鲁河上陆续出现了南阳坝、三李、水磨、刘胡同、上阎垌等大大小小的水库、小水电站、拦河大坝和提灌站，在有效地利用贾鲁河水的同时，也对贾鲁河造成了显而易见的损害。

20 世纪 70 年代后期，贾鲁河的河道基本干涸。人们在水库下游渗水的地方建成了鱼塘，供人们"享受"带泥土味道的"鲜鱼"；在干涸的河岸建起工厂，大量的污水排入河道；在庄稼地里广施化肥和农药，"毒素"通过雨水侵入食物，渗入人体……

贾鲁河，已成"记忆里的河"。

当国家历史文化名城、华夏文明重要发祥地再现往日的辉煌的时候，当中国中部地区重要的中心城市、特大城市，国家重要的综合交通枢纽、中原经济区核心城市崛起的时候，当绿水青山就是金山银山的时候……原本汹涌的水势渐渐干涸或湮灭的贾鲁河，怎样借助南水北调的机遇，成为郑州发展的新时代水道？

36

在梦中，贾鲁河舟楫穿梭、绿水欢唱。

疏通贾鲁河，多方引水入河，生态修复故道，再造万舟竞渡、波涛映日的大运河，重现北宋、明清时期黄金水道之繁华盛景。

启动美好规划的"后劲"之一，南水北调工程实施并通水了。

南水北调工程对贾鲁河的作用，或直接向干涸的河道补水，或置换黄河水。当长江水成为郑州市民的饮用水时，他们长期使用的黄河水被置换出来，供给贾鲁河生态用水。

挖掘贾鲁兴水千年灿烂历史文化，绘就中心城市百里绿水青山画卷；抓住南水北调工程通水的机遇，郑州市确立了"五河"治河目标和规划设计理念。

"五河"即"安全河、生态河、景观河、文脉河、幸福河"。

"安全河"以安全为要，全力构建城市发展安全屏障。防洪安全、水质安全、运行安全三大安全，为郑州城市发展提供可靠的安全保障。综合治理后，市区段防洪标准将提高到 100 年一遇，其他河段防洪标准将提高到 50 年一遇，水质保持在 Ⅳ 类以上。

"生态河"以维持河道自然形态、建设生态驳岸、涵养生态群落、落实海绵城市理念为重点，构建从外到内"林堤滩水"连续的自然生态格局。贾鲁河将山水相依、绿树相连、人水相亲，再现鱼跃莺飞的自然美景。

"景观河"以景观为轴，全力绘制灵动旖旎多彩画卷。项目的整体景观布局为："六山、六湖、六岛、九岭、十二园"。工程实施后，整个贾鲁河湖光山色、河岛相间、岭水相依、公园点缀，景观灵动旖旎、人景形影相随。

"文脉河"以文脉为魂，全力塑造贾鲁河图文化品牌。通过挖掘贾鲁河千年古河灿烂的兴水文化，以文化脉络为魂，以滨河景观作为历史文化展示的载体，将贾鲁河打造成展示郑州历史文化的一个重要平台。

"幸福河"以幸福为本，全力打造魅力怡人的滨水绿带。坚持以人为本理念，结合功能需求，为人民群众提供一个集休闲健康、节庆旅游、运动赛事、绿色出行和智慧生活为一体的滨水景观带。

从上游到下游，郑州的城市公园已见雏形。

水中，已见白鹭翩跹；岸上，更有游人信步。

不久，贾鲁河水再次款款流淌，河上舟船穿梭，两岸绿树成行、鸟语花香，流域沃野千里、欣欣向荣……

除了贾鲁河治理，郑州坚持"全域水系、循环水系"理念，累计投资 391 亿元，先后启动实施了 105 个生态水系提升项目，初步构建了布局合理、生态良好、循环通畅、多源调控的河湖库生态水网。

打造百里青山绿水长廊，绘就美丽郑州多彩画卷。

其中，实现"南水北调配水科学化、黄河引水最大化、水库供水最优化、雨水洪水资源化、水资源配置均衡化"的五化布局，构建系统完善、丰枯调剂、循环通畅、多源互补、安全高效、清水绿岸的现代水利基础设施网络。

五化布局"首提"南水北调配水科学化，可见南水北调工程在郑州水系建设中的重要意义。而南水北调工程给郑州带来的诸多效益，成为郑州人民新时代治水的强大信心。

郑州城市供水以黄河水为主，地下水为辅。南水北调通水后，城市供水转为以南水北调水为主、少量地下水为辅、黄河水备用的供水格局。

南水北调工程给郑州的河道、水库内进行补水，显著改善了河道及水库的水质，基本消除了黑臭水体的存在，促进了水系环境的良性循环，达到了良好的生态效果。

丹江水的优良水质和供水覆盖范围的扩大，使不少人愿意弃地下水转而用丹江水，郑州市地下水开采量也呈现明显下降趋势。

以 2015 年地下水回升为例，全年地下水开采总量相较于 2014 年减少了 10%，城市公共供水管网覆盖范围内自备井开采量由 2005 年的 1408 万立方米 / 年，下降到 2015 年的 459 万立方米 / 年，下降了 67.4%。

地下水水位监测结果显示：与 2014 年相比，2015 年枯水期（4 月）郑州市浅层地下水水位上升 0.11 米，中深层上升 3.01 米，深层上升 2.32 米，超深层上升 0.48 米；2015 年丰水期（8 月）郑州市浅层地下水水位上升 0.19 米，中深层上升 4.22 米，深层上升 3.46 米，超深层上升 2.13 米。

地下水水位全面回升，漏斗面积普遍缩小……

南水北调工程不仅给郑州带来"甘霖"，又通过在郑州境内的穿黄工程，把长江水送往黄河以北。穿黄工程，一个凝结在历史丰碑上的故事。

37

历史滔滔，黄河弯弯。

黄河水在荥阳王村镇摆了一下腰，留下了一个小河湾，叫孤柏嘴。2000多年前这里就是古渡口，因此也叫"孤柏渡"。孤柏渡东接飞龙顶，西连虎牢关，面对滔滔黄河，背倚连绵邙山。曾经是古柏苍翠、绿树掩映、风光秀丽、景色宜人，原名为"孤柏渡飞黄旅游区"，后更名"古柏渡飞黄旅游区"。

其名源于一个传说。据说古时这里有一棵老柏树，挺拔高大，枝叶繁茂、树冠遮天、树荫蔽日，曾为汉王刘邦、秦王李世民遮风避雨。史志曾有记载："成皋圈解趋何急，孤柏兵旋避雨迟。"唐代著名边塞诗人岑参行经此处，曾赋诗写道："孤舟向广武，一鸟归成皋。胜概日相与，思君心郁陶。"随着黄河的泥沙淤积，史书上所指的孤柏嘴早已进入了黄河河道。

泥沙淤积固然严重，却没有淹没这里的历史。古柏渡见证了楚汉争霸的烽烟，演绎着三国征战的厮杀，聆听过隋唐群雄逐鹿的马蹄声，每一寸黄土上都叠印着岁月的漫漫烟尘。

宋代熙宁四年（1071年），此处成了江南通往陕西的最大水运中心，商贾游船盛极，经济文化繁荣。这里渡口河水水势平稳，上船下船不必经过泥沼，不会弄湿衣服。民间流传的俗语说："孤柏嘴过河，干上干下。"

清道光三年（1823年）渡河碑记载："本为农设，间利行人。每岁夏秋间，大雨连绵，河洛并涨，及隆冬河水断澌不可渡，行人多于此间问津焉。"

民国时期，40余只大船杨帆往来，盛况空前。

黄河在此异常温柔，给了黄河岸边的人们许多幸福。"那时候村里有五六百口人，都靠船、靠河吃饭，村里几十条船，每天能运送上千人过河。"这成为孤柏嘴许多村民的记忆。

"那时候河里的鱼多啊，我们跑船只用带点米面，带上一口锅，到了吃饭时间，随便拿网在河里一兜就能捞上鱼来。"他们回忆。

后来，他们都从河岸边搬上了川原，再也不必在河里讨生活。随着孤柏渡景区的开发，很多人成了景区的员工。闲暇时，前辈最爱对后辈讲述当年在黄河上打鱼行船的时光，仿佛他们害怕那段历史被遗忘。

而南水北调的隆隆炮声，让他们再次兴奋起来。

作为国家南水北调工程的穿黄之地，长江与黄河的浪漫相遇之处，古老的孤柏渡再一次焕发青春，见证南水北调的宏图伟业，见证中华民族伟大复兴的强劲脚步。

站在岸边，眺望黄河，耳边响起那激扬的音乐《黄河大合唱》。风在吼，马在叫，黄河在咆哮……在民族危亡的时刻，黄河发出震撼的吼声，鼓舞一批批中华儿女前赴后继，勇往直前。如今，黄河变得异常温柔，在改革开放的洪流中，在中华民族伟大复兴的征途上，她任凭人类科学摆弄，请长江水横穿而过，演绎了人与自然和谐共生的新乐章。

38

黄河，我们的母亲河！

黄河，人类文明的摇篮！

1938 年，抗日战争爆发，黄河发出了中华民族不屈的吼声。一曲《黄河大合唱》唱遍大河上下，长城内外。"风在吼，马在叫，黄河在咆哮……"至今，当我们唱起这首歌时，浑身的血液依然像黄河水一样澎湃。那些南水北调穿黄工程建设者，也曾一起吟唱着《黄河大合唱》。

毛泽东对黄河膜拜有加，他说："藐视黄河就是藐视中华民族。"

1952 年，秋风瑟瑟。他身穿一件大衣，再次来到黄河岸边。他坐在一块石头上，点燃一支烟。烟雾中，出现了南水北调的水流淙淙流淌，为干渴的北国解渴美好画面。他一句湖南普通话"南方水多，北方水少，调一点来也是可以的"，开启了新中国水之梦。

就在这个地方，就是河南邙山，成为中国调水梦诞生的地方。

2002年，南水北调中东线开工，邙山又成了圆梦的场所之一。

长江水，穿黄河，去北方。毛泽东举重若轻，勾画出长江与黄河立交的壮丽画卷。长江与黄河，上苍赐予中华民族的两条蛟龙，同出青藏高原，同贯祖国大地，同归浩荡大海，只是从未晤面。随着伟大调水设想的实施，人类终于给了她们历史性约会的机遇。

至此，长江与黄河开始对话，开始了为民造福的深层思考，开始了人水和谐共生的新里程。

当初，却有很多"不可能"！

虽然长江和黄河都发源于青海，虽然她们同属青藏高原，虽然基本同源，但长江发源于唐古拉山脉主峰各拉丹冬雪山西侧的沱沱河，而黄河则在青海巴颜喀拉山麓，流向相左，一个在南，一个居北，中间隔着万水千山，因此"不可能"。

黄河近年的水量不足是不争的事实，但黄河下游多用于农业灌溉，由于污染加剧，污染物严重超标，黄河水现在基本上已经不适合人饮用。如果在下游将长江水调入黄河，无疑是一种浪费。从成本考虑"不可能"。

架设渡槽，像黄河大桥一样，把长江水凌空托起，送往北方。不过，架渡槽虽然是一道亮丽的风景，但是黄河是一条悬河，河道多年摆动不定，如果架渡槽，其桩基对黄河行洪和河道自由摆动都有影响，还是"不可能"。

一旦遇到战争，黄河上的渡槽最容易成为目标，一旦损坏，其恢复难度要远远大于任何一座渡槽。根据黄河规划，孤柏嘴处要修建调蓄水库，建渡槽将影响水库建设，又是"不可能"。

中国的设计大师权衡利弊，最终决定搞个地下穿越。

于是，在河南省邙山孤柏嘴上游一公里处，出现了两条隧洞穿越黄河河床的宏大叙事。

设计大师给出的数据：两条穿黄隧洞每条长 4250 米，相当于 13 米的火车厢 327 节，其中过黄河段 3450 米，邙山隧洞长 800 米，在黄河底部最大埋深 35 米，最小埋深 23 米。

长江来借道，黄河给不给？

自古黄河，狂放不羁，汪洋恣肆。河床无定所，率性而为，摇摆不定，游移不决，南北飘荡，造成了茫茫黄河滩，参差河床底，千年沉积，泥沙胶结，混杂交错。三公里多的河床底层，不靠谱的孤石和枯木，夹杂其间，为穿黄布下一道道坎儿。

黄河脾气暴躁，建设者信心坚定。

穿黄工程是南水北调中线总干渠的关键性工程，是整个中线干线工程的咽喉，更是中线干线工程最具技术难度和制约总工期的控制性项目。穿黄不通，千里无功，无论如何我们要啃下这块硬骨头！

"穿黄不通，千里无功"，就是南水北调建成了，江水不能过黄河，也等于没建。

自古，长江从黄河穿过，实属第一次。如果使用传统的钻孔打洞模式，就是用炮轰人挖来完成这项任务，那简直是天方夜谭。

必须依靠科技创新的指引，来实现我们的穿越理想。除此以外，别无选择！

这次穿黄采用世界先进技术——盾构机掘进。

中铁工程装备集团有限公司一位工程师介绍：盾构机就是盾构隧道掘进机的小名，是一种隧道掘进的专用工程机械，现代盾构掘进机集光、机、电、液、传感、信息技术于一体，具有开挖切削土体、输送土碴、拼装隧道衬砌、测量导向纠偏等功能，涉及地质、土木、机械、力学、液压、电气、控制、测量等多门学科技术，而且要按照不同的地质进行"量体裁衣"式的设计制造。

他介绍盾构机的工作原理是这样的：液压马达驱动刀盘旋转，同时开启盾构机推进油缸，将盾构机向前推进，随着推进油缸的向前推进，刀盘持续旋转，被切削下来的渣土充满泥土仓，此时开动螺旋输送机将切削下来的渣土排送到皮带输送机上，后由皮带输送机运输至渣土车的土箱中，再通过竖井运至地面。

使用盾构机，可以减少人工等成本，提高工作效率。目前盾构掘进机已广泛用于地铁、铁路、公路、市政、水电等隧道工程。这个庞然大物，跟《封神演义》中说的"土行孙"一样，从这边钻进去，从那边钻出来。

他这一进一出，就钻出个大洞，让长江水从黄河下流过。

39

穿黄隧洞工程，我国第一次采用大直径隧洞穿越黄河，第一次采用泥水平衡加压式盾构进行隧洞施工，第一次采用隧洞双层衬砌的结构形式……

之后，中线穿黄隧洞内衬工程完成……

之后，穿黄退水洞工程完成……

像穿黄工程，南水北调这一世界工程、世纪工程，创造了诸多的国内之最，甚至世界之最。在中国由大国走向强国的道路上，中国第一往往就是世界第一；中国的就是世界的！

建设者的智慧和汗水，写下了这些"数字穿黄"：

2005 年 9 月 27 日，穿黄工程正式开工建设。

2007 年 7 月 8 日，下游线隧洞盾构机顺利始发。

2008 年 3 月 4 日，上游线隧洞盾构机顺利始发。

2010 年 6 月 22 日，上游线隧洞盾构施工贯通。

2010 年 9 月 27 日，下游线隧洞盾构施工贯通。

2011 年 8 月 31 日，孤柏嘴控导工程主体完工。

2012 年 10 月 30 日，渠道土方填筑施工完成。

2012 年 12 月 25 日，上游线隧洞内衬施工完成。

2012 年 12 月 30 日，下游线隧洞内衬施工完成。

2013 年 6 月 30 日，渠道衬砌施工结束。

2013 年 8 月 9 日，退水洞贯通。

2014 年 9 月，穿黄隧洞充水试验成功。

2014 年 10 月，穿黄工程参与全线充水试验和试通水。

……

如今，长江水已经穿过黄河。

当人们向穿黄工程走来，会远远看见一个偌大的琵琶卧在眼前。世界上再没有这么大的琵琶，也没有哪个人能抱得起这个琵琶。只有天地，天像一只很大的右手，地是一只不小的左手，把琵琶紧紧揽在怀里。塞满了南水北调大渠的水，就是那绿色的单弦，被轻轻拨动。乍一听无声，再听则震荡耳膜。世上从来没有这个美妙的声音。

这是世界的又一奇迹，是改革开放的奇迹，是民族复兴的奇迹。

站在观景台上，向北看，黄河九曲十八弯摆动着腰身，浩荡东去；向南看，清澈的丹江水沿着地上明渠从南面奔腾而来。长江和黄河在这里相会，北上的长江水通过两条穿黄隧洞在此与黄河立体交叉，以形成"江水不犯河水"之势俯冲而下，穿越万古黄河。

穿黄工程还有"退水洞"。退水洞是在某种条件下，向黄河补水。因为气候等多种原因，黄河曾出现断流现象，倘若长江水流入黄河的血管，形成新的血脉，无疑是中华民族的又一幸事。

截至此文定稿，通过穿黄工程，已经向北方输水百亿立方左右。

染绿北国，穿黄奇功！

第七章

穿城而过，你是唯一

40

2017 年 10 月 13 日 16 时 16 分，随着一声指令，南水北调总干渠闫河退水闸门徐徐开启，一股清流喷涌而出，奔腾翻滚着注入群英河，一路欢歌流进龙源湖。

这是焦作市首次实现南水北调生态供水。此次放水流量为 1 立方米每秒，持续了 18 天，累计放水 150 万立方米。

因为丹江口水库入库水量颇丰，原国务院南水北调办公室、河南省南水北调办公室决定利用有利时机，扩大沿线生态供水，充分发挥南水北调工程效益。

丹江口水库来水进入龙源湖后，又经由黑河进入新河，最终注入大沙河。

不少路经人民路群英河桥头的市民闻讯后纷纷驻足观看，他们望着奔流而下的丹江水赞不绝口……

焦作市是南水北调唯一穿城而过的城市。

南水北调中线总干渠在郑州市荥阳李村穿越黄河后，从温县赵堡东平滩进入焦作市，途经温县的赵堡、南张羌、北冷、武德镇四乡（镇），在沁河徐堡桥东穿越沁河；经博爱县的金城、苏家作、阳庙三乡（镇），于博爱聂村穿过大沙河；经中站区朱村、解放区王褚、山阳区恩村、马村城区及待王、安阳城、演马、九里山，于修武县方庄镇的丁村进入新乡市辉县。

南水北调中线焦作境内线路总长 76.67 公里。

在这 70 余公里内，共布置各类交叉建筑物几十座，包括河渠交叉建筑物、左岸排水建筑物、渠渠交叉建筑物、节制闸建筑物、退水闸建筑物、分水口门建筑物、公路桥建筑物、铁路桥建筑物、生产生活便桥建筑物等。而超大型隧洞、膨胀土处理、铁路交叉和城市跨渠桥梁等，技术难题众多。

之所以说焦作市是中线工程总干渠唯一从中心城区穿越的城市，因为中心城区段从丰收路西段始，经解放区的新庄、新店、士林、西王褚、东王褚、西于村、东于村，山阳区的小庄、定和、恩村，至山阳区墙南止，城区段总长 16.7 公里，中心城区段长 8.4 公里。

焦作段在 2013 年 11 月 30 日提前竣工。一条宽约 70 米—280 米的大渠穿城而过，每秒流过 245—265 立方米。而分配焦作市年水量是 2.82 亿立方米。

南水北调中线干渠焦作境内干渠既要跨越黄河，又要穿越城区和绕过煤矿采空区，是河南省工程及移民任务都比较重的城市之一。因工程迁移的人口超过 3 万人。在中心城区迁移这么多人，在焦作历史上是第一次，在中国的治水史上史无前例。

尽管南水北调中线工程在焦作境内不仅线路长、工程难度大，拆迁任务重，但是从市民吃上了优质水、用上生态水的笑容中，可以能感受到他们的可心。

龙源湖在蓝天白云衬托下，秀水泱泱、清澈见底，波光粼粼、美不胜收。注入清水的大沙河碧波荡漾、水体通透，水质得到明显改善。

这里，水清了、景美了。

41

焦作市位于河南省西北部，北依太行山，与山西晋城市接壤，南临滔滔黄河，与郑州市、洛阳市隔河相望，东临新乡市，西临济源市。

焦作古称山阳、怀州，是华夏民族早期活动的中心区域之一，现存裴李岗文化、仰韶文化和龙山文化遗址，是司马懿、韩愈、李商隐、朱载堉、许衡及竹林七贤山涛、向秀等历史文化名人故里。

焦作是中国太极拳发源地。拥有云台山、神农山、青天河等 3 个 AAAAA 级景区，CCTV 焦作影视城、圆融无碍禅寺等 3 个 AAAA 景区，韩愈陵园、群英湖、穆家寨生态农业观光园、蒙牛乳业工业旅游区 4 个 AAA 景区，朱载堉纪念馆一个 AA 景区。

2006 年 2 月，联合国世界旅游评估中心授予焦作旅游"世界杰出旅游服务品牌"荣誉。2008 年 3 月，焦作被确定为全国首批煤炭类资源枯竭型城市。2012 年，焦作被河南省人民政府确定为建设中原经济区经济转型示范市。2013 年，焦作成为世界旅游城市联合会成员城市。

焦作人曾经骄傲，他们那里流域面积在 100 平方公里以上的河流有 23 条，还有引沁渠、广利渠两大人工渠，有群英水库、青天河水库、白墙水库、顺涧水库等较大水库，地表水资源充裕。焦作市还是天然的地下水汇集盆地，探明地下水储量 35.4 亿立方米。

然而，2011 年的数字，焦作人均水资源占有量仅为 225 立方米，是全国平均水平的八分之一，是河南省平均水平的五分之一。然而，焦作市是我国中部地区重要的煤炭基地，也是全国有名的大水矿区，由于长期超量开采，导致地下水水位下降，形成了两个区域地下水降落漏斗。

南水北调中线工程总干渠穿城而过，穿越的是通往园林城市的绿色大道。

一条沿着南水北调焦作市区段渠道，蜿蜒 10 公里的绿化带逐渐形成，成为焦作市城市环境的新风景线，逐渐将绿色、优美、环保、文化的理念转化为实实在在的成果，融入焦作市民的日常生活中。

42

正是南水北调中线工程从中心城区穿过，焦作市从建设生态文明和美丽焦作的战略高度，产生了打造一条沿南水北调总干渠的生态绿化带的创意。这条生态绿化带，既保障南水北调总干渠水质安全，也提升城市形象，盘活城市资源，造福人民群众。

南水北调绿化带工程的定位即"绿色生态涵养区、旅游休闲体验带、城市复合功能轴"和"焦作城市发展新地标、经济转型发展新亮点、南水北调旅游圈新景观"。位于焦作城区段总干渠两侧，西起丰收路，东至中原路东，全长约 10 公里，单侧宽 100 米左右，绿化面积近 2300 亩，绿化率达 80%。

设计方案经多次调整和创新，最终，一座"以绿为基，以水为魂，以文为脉，以南水北调精神为主题"的开放式带状生态公园，与南水北调总干渠并肩而起，成为呵护南水北调一渠清水的绿色走廊，焦作市区的一条生态环保廊道。

南水北调的主题是水，焦作市不但把绿化带建设好，还让南水北调精神展示出来，把南水北调故事挖掘好，传承下去。绿化带本着造福百姓的原则，坚持以人为本，建设亲水设施，让群众看到水、享受水，感受南水北调带来的变化。

绿化带园区方案的设计为水之六境：见水、品水、颂水、乐水、亲水、悟水。按照该方案，园区内重点打造"一馆一园一廊一楼"。

"一馆"即南水北调纪念馆，位于人民路与总干渠交叉处东北角，总占地面积约290亩，通过文献、音频、影像、雕塑、艺术作品等形式以及声光电等科技手段，生动展示世界水利工程的发展历程，展示南水北调工程决策、征地移民、项目建设全过程及沿线人民舍小家、为国家的奉献精神。

"一园"即南水北调主题文化园，贯穿整个城区段，采用艺术雕塑、文化景墙、实景展示、互动体验等方式，打造南水北调中线工程1432公里的微缩景观，重点展示南水北调中线渠首、穿黄隧道、湍河渡槽、倒虹吸等工程节点，使其成为游客了解南水北调中线工程整体面貌的窗口。

"一廊"即水袖艺术长廊，位于闫河退水闸至焦东路之间，设置500米长，3—5米宽，具有水袖形态、体现中国戏剧风格的艺术长廊。沿廊布置焦作历史文化浮雕，结合夜景灯光，形成特色文化景观。

"一楼"即南水北调第一楼，位于总干渠与中原路交叉处东北角，与汉代文化遗址山阳古城遥相呼应，具有望山、观水、地标、展陈等功能。占地面积约400亩，楼高109.32米，取意来自两个方面：一是南水北调中线工程总长度为1432公里，计14.32米；二是南水北调中线一期工程年均调水量为95亿立方米，计95米，合计109.32米。在第一楼广场利用声光电技术打造一场多媒体空间秀。

南水北调给焦作带来的是"北有绿色太行、南有靓丽水乡、绿地游园遍布、绿色廊道纵横"的生态绿城和水域靓城。

第八章

过了漳河是河北

43

沁园春·南水北调安阳段

南水北调，并行国道，水穿城西。

望安阳闸站，巍峨耸立；张北暗渠，潜地行急。

运河上下，绿叶红花，南国清水北上流。

夏日盛，伴飞鸟白云，蛙叫蝉鸣。

渠畔幼林青松，待日后硕果满枝头。

守高填深挖，坡脚截流；左岸排水，渠渠交叉。

分水口岸，小营南流，开闸放水饮全城。

保发展，建生态中国，还看今朝。

这是一位文友讴歌南水北调安阳段的文章，抒发了作者对南水北调的情感。

南水北调中线工程总干渠由南向北进入安阳南郊，沿西北画了一个半圆，再向北去，在安阳市境内全长 66 公里，穿越汤阴县、文峰区、开发区、龙安区、殷都区和安阳县 6 个县区 14 个乡镇 85 个行政村。南水北调中线工程安阳段分安阳段、汤阴段、穿漳工程 3 部分，是南水北调中线工程在河南的首开工程。穿漳工程是南水北调中线干渠河南境内的最后一个"超级工程"。南水北调中线干渠经由此处穿越漳河后，告别河南，进入河北境内。

受原生水文地质和黄河故道易溶盐长期积聚的影响，内黄县境内形成大面积的氟水区、苦水区，加之卫河沿线污染区和近年来超采造成内黄县地下水资源匮乏。"吃水又苦又涩，洗衣染黄衣，浇地一水清、二水浑、三水见阎王"这是流传的一种说法。

2017 年 7 月底，内黄县第四水厂一期工程建成通水，甘甜的丹江水进入千家万户，供水人口从 2 万余人迅速扩展为 10 万余人，日供水量从 7000 立方米猛增至 2 万立方米，缓解了该县水资源短缺的现状，改善了人民群众的生活质量。

在改善了人民群众的生活质量的同时，利用南水北调中线总干渠，引用丹江水进行生态补水。

2017 年秋天，安阳市首次实现利用南水北调水对安阳河、汤河进行生态补水，共引用南水北调生态补水 3063 万立方米。此次生态补水，受水区域主要为安阳河退水闸下游两岸殷都区、北关区、市城乡一体化示范区（安阳县）和内黄县以及汤阴县城区及周边乡镇村。

2018 年夏，安阳再迎南水北调生态补水，此次生态补水量 2137 万立方米。

通过两次生态补水，改善了安阳河和汤河水质，促进了水循环，改善了生态环境，使河水变得更清，进一步完善了安阳河河岸公园和汤河湿地公园的功能，为市民创造了一个"近水、亲水、乐水"以及"休闲、娱乐、健身"的好去处。

同时，有效补充了安阳市地下水资源。南水北调生态补水，置换了大量的地下水，加上严格地下水开发利用总量控制，制定地下水井封闭计划，加大节水型社会建设力度，推广先进的农业节水技术，严格限制高耗水行业规模，通过持续优化用水结构，不断提高用水效益，切实减少地下水开采量等措施，受水区浅层地下水 2016 年相比 2015 年平均升幅 3.39 米。

安阳市用水结构实现根本改变，中东部农业耕种区地下水位下降区面积不断缩小，市区地下水位连续 10 多年持续回升，从 2003 年平均埋深 23.55 米回升至 2016 年的 10.63 米，基本实现采补平衡。

南来之水润古城，在惠及安阳百余万人之后，通过漳河倒虹吸工程，进入燕赵大地。

44

南水北调中线工程穿过漳河，就从河南安阳到了河北邯郸。

邯郸给世人留下最深刻的印象，是成语很多。能说上来的，大致有：负荆请罪、完璧归赵、价值连城、将相和、刎颈之交、围魏救赵、梅开二度、退避三舍、毛遂自荐、纸上谈兵、不射之射、邯郸学步、胡服骑射、铜雀春深、宁可玉碎不为瓦全、绝妙好词、黄粱美梦、冬日之日、夏日之日、前事不忘，后事之师、奉公守法、奇货可居、南辕北辙、河伯娶妻、挟天子以令诸侯、下笔成章、路不拾遗、诗文判状、窃符救赵、步履蹒跚、三寸之舌、惊弓之鸟、旷日持久、不遗余力、舍本逐末、罗敷采桑、智者千虑等。

以后恐怕还要增加一个"南水北调"。

让人耳熟能详的是邯郸学步。《庄子·秋水》记载，有一个燕国人到赵国的首都邯郸去，看到那里人走路的姿势很美，就跟着学起来。结果不但学得不像，而且把自己原来的走法也忘了，只好爬着回去。比喻生搬硬套，机械地模仿别人，不但学不到别人的长处，反而会把自己原有的本事也丢掉。

有人去邯郸学步，说明邯郸人走路的步子值得借鉴，这恐怕与邯郸人在很多事情上的"试点"有关。2018年9月20日媒体报道，河北邯郸全面启动南水北调生态补水试点项目。文章说，9月13日上午10时30分，随着一声"开闸"号令，南水北调中线滏阳河退水口闸门缓缓提起，清澈的长江水冲出闸门顺势而下注入滏阳河。同时，邯郸滏阳河边界邢堤闸提闸向下游邢台市供水。这标志着邯郸市南水北调生态补水试点项目正式启动。

邯郸市滏阳河为华北地下水超采综合治理河湖地下水回补三个试点河流之一。本次试点输水调度分为两个阶段，第一阶段补水于2018年10月底前完成，第二阶段补水于2019年8月底前完成。预计通过1年左右的试点，实现滏阳河生态补水1.5亿—2.0亿立方米，地下水位平均回升0.5米—1.0米。

滏阳河，古名滏水，发源于彰德府磁县的滏山，流经磁县、邯郸、永年、平乡、巨鹿，汇入邢台大陆泽，原本概念是指从源头到大陆泽的一段河流，后来大陆泽干涸，经疏通河道，并根据当代河流概念，滏阳河河道得以延长为流经邯郸、邢台、衡水的一条重要河流。

历史上，滏阳河水美鱼肥，绿柳成荫，货轮穿梭，艄公号子不断。20世纪70年代后，河道断航，两岸垃圾成堆，工业和生活污水的肆意排放，使得滏阳河一度成为令人提及掩鼻的臭水沟。部分区段虽经整治，沿河两岸垂柳拂面、鸟鸣蝉唧，但水量已渐减少。

这与邯郸属资源型缺水城市，人均水资源量只有191立方米，仅占全国人均水平的9%有直接的关系。缺水，已成为关系邯郸市发展乃至生存的根本性问题。

补水项目的顺利启动，全力推进邯郸市地下水超采综合治理行动，全面加快河湖水生态恢复，营造良好生态水环境，提升全市河湖品质。这完全得益于南水北调工程"光顾"邯郸。

南水北调中线干线工程邯郸段全长80公里，常年清水流淌，相当于邯郸市新增一条河流。邯郸市已经完成全市20座配套水厂的水源切换，从而形成"南水"解"北渴"的水资源配置新格局，使主城区和中东部县区约300万群众喝上了优质甘甜的长江水。主城区约90%的生活用水是长江水。

南水北调水在邯郸市防灾减灾等方面，充分显现。

2016年，受"7·19"特大暴雨影响，河北省部分地区水库泥沙骤增，城市供水告急。

按照设计，南水北调的水源既可以单独供水满足主城区需要，也可与主要水源地的岳城水库的水配比使用。7月19日凌晨，特大暴雨袭击邯郸，流入岳城水库的洪水剧增，水体浑浊，铁西水厂供水告急。邯郸市自来水公司发现岳城水库的水浊度有所上升，立即停运岳城水库水源，及时加大南水北调的供水量，使邯郸市主城区用水没有受到影响。

2015年冬季和2016年春季，邯郸工农业供水水源一度告急，邯郸市紧急利用南水北调工程进行应急抗旱补水，使邯郸市中东部地区工农业生产平稳渡过难关。

邯郸市顺利通过第一批全国水生态文明城市建设试点验收，标志着全市水生态文明建设取得阶段性重大成效。其中，南水北调功不可没！

而这次地下水回补行动，拉开了新时代邯郸水资源管理的大幕。

45

这次地下水回补行动，无疑是要偿还历史的欠账。

邯郸，本身水资源匮乏，人均水资源量191立方米，为全国人均水资源量的9%，河北省平均水平的62%，远低于国际公认的人均500立方米的极度缺水标准，属于典型的资源性缺水地市。

邯郸地下水是主要水源，占 75% 以上。这是非常尴尬的事情。超采地下水不好，影响生态环境，但不抽取地下水，地表水不够用。每年的春季，干旱少雨，河渠无水，正是农业用水高峰期，却无水可用，只能抽取地下水。在最紧张的 2000 年 7 月左右，水库已到汛限水位以下，漳河断流，无水可用，只能打井维持基本用水需求。

而水资源开发过度，又导致水生态环境历史欠账太多了。

除滏阳河、卫河（卫运河）外，大部分平原河道处于常年干涸状态，河床裸露、荒草凄凄、沙土飞扬。而滏阳河的水，半数以上通过跃峰渠从漳河调水。水利部门测算，与 20 世纪 80 年代相比，地下水累计超采量约 168 亿立方米，超采面积近 7000 平方公里，平原地区形成 4 个较大的集中连片地下水漏斗区。河湖水体不同程度受到污染，"有河皆污"绝不是骇人听闻。2017 年，邯郸市 24 个地表水监测点位监测数据显示，达到或好于Ⅲ类的水质断面占 66%，Ⅴ类水质断面占 17%，劣Ⅴ类占 17%。

污染，不仅仅殃及地表水，还不同程度地连累了平原地区浅层地下水。

渴！缺水！农民种地用水不得不打井取水，可很多刚打的井因为水位下降，用不上几年就很难抽上水，甚至成为枯井，宣告报废。继而，再打深井取水，再枯竭；再打，再枯竭。这样恶性循环，用水成本却一次次增加，有的灌浇一亩地一遍需要电费达 40—70 元。用不起电的农户，再次指望"望天收"。许多土地因缺乏灌溉，农作物减产，甚至"撂荒"。

缺水，对邯郸来说，已经不再是单纯的资源问题，而是生态问题、民生问题、社会问题；缺水，已成为关系邯郸发展甚至生存的根本性问题。

破解邯郸严重缺水的矛盾，在加强节约用水的同时，必须开辟新的水源，还要解决工程配套问题。邯郸地区用水得不到很好地利用，主要还是工程不配套。其实，邯郸境内有岳城、东武仕两大水库，河南河北交界处有卫河，但因为没有沟通河渠，致使有时候有水，也"望梅止渴"，不能真正解渴。

2006年11月，邯郸实施了生态水网建设，解决邯郸市水资源得不到充分利用、过度超采地下水、水生态严重恶化等问题。通过整修疏浚骨干河渠，维修新建桥闸枢纽，硬化渠岸路，绿化重点渠段，许多三十余年未通水的河渠再现粼粼波光，初步构建起"纵横交织、河渠畅通、节节拦蓄、余缺互补"的东部平原水网。

水，在邯郸大地流淌，流进工厂，流进田间。邯郸中东部出现了河网交织、流水淙淙的景致。邯郸在水利建设上只争朝夕、马不停蹄。

2009年，实施引黄入邯工程，于2010年11月23日实现了通水目标，进一步改善邯郸东部区域农业灌溉用水条件，减轻农民负担，促进农业增收，带来更多的民生效益和社会效益，有效缓解水资源紧缺的矛盾。

在引黄入邯工程的基础上，河北省又实施了引黄入冀补淀工程。

2017年底，引黄入冀补淀工程实现了试通水，进一步提高了输水能力，每年可引调黄河水数亿立方米。邯郸作为受水第一市，率先受益，改善了沿线水生态环境。结合卫河提水，在引黄主干线——东风渠里，基本上实现了长年不断水，不仅保障了农业灌溉用水，也改善了水生态环境，有效补充地下水。

河渠、坑塘、洼地形成"天然水库"，源源不断供给邯郸人民。

农民放缓打井的速度，使用地表水灌溉。地表水置换出地下水，缓解地下水下降速度，改善生态环境。在黑龙港缺水区，长期地下水严重超采，土壤次生盐碱化、地下水质恶化等一系列问题接踵而来，制约了农业增产增收，威胁了当地居民饮水安全。黄河水到来后，使黑龙港缺水区旧貌变新颜。

2014年南水北调通水，民有渠、滏阳河立即忙活起来。它们要把长江水，送到邯郸的大多地区。邯郸每年接受引江生态水1亿—2亿立方米，这既是雪中送炭，更是锦上添花。

目前，邯郸生态水网已形成以引漳、引黄、引卫、引江、引滏五大水源为保障，以民有渠、滏阳河、东风渠（老沙河）、卫河（卫运河）四大水系为支撑，将水库、河道、灌渠、排渠以及各县水景观湖泊、水系联为一体，从而形成"统一调度管理、水系互联互通、水量余缺互补、灌排蓄输多用"的生态水网体系。

邯郸多地，出现有水皆绿、有水皆景的新貌。

在魏县梨乡水城、临漳七子湖、曲周龙海公园、馆陶公主湖、广平东湖等一批代表性水景观工程建成；在东部平原，过水断面地下水位自20世纪80年代以来开始止跌回升，水网区域内深层、浅层地下水下降速度明显减缓，几十年来"有河皆干、有水皆污"的局面得以改观。数百万人从中受益，农民浇地下降成本，沿渠群众增产增收。

2018年9月13日开始的地下水超采综合治理河湖地下水回补行动，为邯郸带来更大福祉。邯郸人民热切以盼、热情相待、热血沸腾，强力推进。

46

按照水利部、河北省政府印发的《华北地下水超采综合治理河湖地下水回补试点方案》要求，此次补水涉及邯郸境内河渠长度为160公里，形成水面面积192万平方米。

从2018年9月到2019年8月，整整一年的时间，在邯郸水利历史上，利用这么长的时间用上优质足量的长江水，无论是用水时长、还是用水量，尚属首次。

邯郸人兴高采烈，憧憬这次补水带来的欢喜。

增加邯郸滏阳河的供水量，实现全境长时间不断流。那些裸露的河床、荒芜的河滩，再现波光粼粼的景色，"有河皆干"成为历史。

清澈的长江水，长时间对邯郸滏阳河进行补充，很好地改善滏阳河的水质。补水前，水暗绿且浑浊，补水后，碧绿清透，再现鱼翔浅底、野鸟成群。"有水皆污"也成为过去。

随着南水的注入，扩大生态水面，增加水量供应，从而加速补充地下水，回补地下水，改善沿线地下水生态。随着地表水的增加，群众不再抽取地下水，保留宝贵的地下水源，确保地下水位回升或减缓下降速度……

邯郸十分珍惜这次补水机会，也用心用力管好这次补水。

滏阳河蜿蜒流淌，在邯郸境内长达180公里，滩地内有农田2.4万亩。由于地块不规整，不利于秸秆还田机械作业，沿岸近河群众常常将秸秆抛入水中，造成桥头闸前聚集。于是，他们源头管控、中间拦截、节点清理，多措并举，全力开展滏阳河沿线秸秆清理打捞。

这次"清"行动，各级河长功不可没：

滏阳河市级河长签发多期"河长交办"，明确要积极采取有力措施，通过督、宣、警、巡等方法，督导县乡村三级河湖长深入一线靠前指挥，找准症结，彻底解决秸秆问题。在市级层面，抽调河长办、公安、水政和河道管理力量，组建多个工作组，全河段督导执法。各县区也增派力量，配合县乡村级河长上岗履职，巡河检查，发现并制止多起向水中倾倒秸秆行为。

各县区总河长、河长以及水管单位，部署力量在沿河各县区层层设立拦阻索、拦阻网，拦截水中秸秆漂浮物，调集大量挖掘机、船只，集中在桥头、闸前进行打捞清理。邯郸付出的大量资金和人力，都是往常年所不曾有过的。

邯郸按照水利部、河北省要求，以这次补水为契机，加快整治河道管理保护新旧问题。

邯郸明文规定，坚持巡河制度，市级河长每月巡查一次，县级河长每周巡查一次，村级河长每天巡查一次，发现问题及时解决；坚持每日巡查制度，以漳滏河管理处沿滏阳河各闸所职工为主，配备水政监察人员，坚持每日沿河巡查，及时发现和制止影响输水安全的行为发生。河道警长开展专项执法，发挥震慑作用。

2018 年汛后，干旱少雨再次"光顾"邯郸，恰逢秋季作物种植高峰期，群众灌溉非常迫切。如何确保生态补水和农业灌溉两不误，邯郸当机立断，做出回答。他们按照总量不变、动态平衡的调度原则，在秋灌前加大滏阳河出境水量。秋灌期间专门印发紧急通知，临时关闭分水口门，严格控制抽水泵站，分县区核定责任流量，除南水北调中线补水外，最大限度提高东武仕水库出库流量，用于沿线农业灌溉所需，保证滏阳河出境不断流。

滏阳河水，欢快流淌。

47

不仅是滏阳河，还有滹沱河、南易水河补水也正在进行。

《华北地下水超采综合治理河湖回补地下水试点方案》明确，这次试点河段补水工作 9 月 13 日正式启动，2019 年 8 月底结束，计划通过滹沱河、滏阳河、南拒马河三条重点河流补水 7.5 亿—10 亿立方米。

世界上最大的地下水漏斗区在华北平原，河北省又是全国最大的地下水漏斗区。作为北京市、天津市、雄安新区的近邻，河北省一旦"沦陷"，必将殃及"池鱼"。而河北省早就喊出了："华北危急！燕赵危机！"的口号。

2018 年 8 月 17 日，河北省召开华北地下水超采综合治理河湖地下水回补试点工作会议。河北省水利厅 10 楼会议室，各方人士济济一堂。石家庄、衡水、沧州、邢台、邯郸五市水务（水利）局、省厅规划计划处

（科）和有关处（科）、雄安新区相关单位、省水文局、省水利水电第二勘测设计研究院及厅机关、原南水北调办有关处室负责人与会，学习讨论落实补水方案。

"河长主导、部门联动、分级负责、社会参与"是这次试点的创新工作机制之一，也是这次试点即新时代水利工作的一大亮点。确保垃圾清理、巡查管护、安全运行等工作及时到位，从而总体推进治理行动提供经验和示范。

另一亮点，是新思路在新时代水利工作中的实践即"强监管"。2018年9月27—29日，水利部对河北省河湖地下水回补试点河道清理整治进行了督导检查，组织有关市召开调度会，指出一些地区河道清理不到位问题。

河北省迅速落实水利部督查要求，切实提高思想认识，迅速组织排查整治。2018年10月1—8日，各地对补水河段再次全面系统地摸查排查，按照河湖清理行动、"清四乱"行动、生态补水试点工作方案要求，开展全面清理整治。

这次整改强化了督查问责。河北省河长办、省水利厅由厅领导带队，对各市整治情况全面检查，对未按通知要求全面整改到位的，影响河道补水的相关责任人严肃问责。各地市总河长和相关市级河长，敦促县乡级河长切实履职，确保补水试点河道清理管护达效。

2018年11月16日，水利部党组书记、部长鄂竟平带领水利部水资源管理司、河湖管理司、监督司等负责人，对华北地下水回补试点河段南拒马河、滹沱河补水工作进展情况进行了"飞检"。

鄂竟平先后对保定定兴县北河店村、西靳村段河道，北河店水文站，以及石家庄藁城区庄合村、南大章村段河道生态补水进展情况进行了详细检查。鄂竟平认真查看了试点河段沿线河道疏通情况、沿河堆放垃圾的清理情况、壅水建筑物建设情况、采沙坑处理情况、地下水监测情况等。

他要求，试点河段河道一定要清理、疏通到位，确保按计划正常通水；沿线河道堆放的垃圾要及时督促清理，加强监管，杜绝临水侧河堤再出现垃圾堆放现象；河道水面的漂浮物要及时打捞；采沙坑要按要求处理；沿线各排污口要达标排放；河道疏通、整治要做到规范化、标准化。地下水动态监测一定要严格按照规范规定执行，做好记录与比对工作，为试点河段补水效果分析提供真实完整的数据资料。

鄂竟平强调，生态补水对恢复华北地区生态环境意义重大，各部门要高度重视；地下水回补之水来之不易，沿线各部门要重保护、强监管，做到护管并行、查改并进，严禁出现破坏河道、偷水盗水、污染水质的现象；各级部门在生态补水期间要恪尽职守，各司其职并加强沟通与配合，齐心协力管护好河道之水。

……

滹沱河曾出现多个干涸河段，都是数十年超采地下水惹的祸。满眼黄沙飞，到处垃圾堆的景象，将挥之而去。

补水在继续……

第九章

在郭守敬的故乡

48

郭守敬，元代杰出的水利专家，今河北邢台人。

站在郭守敬铜像前，油然而生敬意。正如《郭守敬生平业绩展览》所述：

巨星耀神州、

治水树丰碑、

天文建奇功、

伟业照千秋。

他是元代杰出的天文、水利、数学、仪器仪表制造专家，一生科技成就有二十几项，遥遥领先世界水平，为人类科学事业的发展作出了巨大贡献。20 世纪 70 年代，国际天文学组织，把月球背面的一座环形山和太空中编号为 2012 号的小行星，分别以郭守敬的名字命名。

纪念馆内，复制有郭守敬当年创制或使用过的简仪、浑仪、赤道式日晷等大型仪器；制作有反映郭守敬观天测地、兴修水利成就的邢州治水、大都治水、太空广场等沙盘、场景。通过大量历史文献、文物，采用多种艺术形式和声、光、电等现代化展示手段，生动形象地展现了郭守敬辉煌一生。

纪念馆之所以建在达活泉公园内，正是因为这里是郭守敬治水所在。他青年时期曾主持疏浚了邢州城北潦水、达活泉、野狐泉三条泛滥已久的河道，并修复了达活泉上的石桥，既方便了南北交通，又使周围农田得到灌溉。一块石碑上面写着"郭守敬故里"几个大字，也正是纪念郭守敬早年邢州治水疏浚河道、造福乡里所做的贡献。

纪念馆大门两侧的楹联格外引人注目：

治水业绩江河长在，观天成就日月同辉。

现邢台郭守敬纪念馆，已成为全国郭守敬研究中心，并以其雄伟的建筑、新颖的陈列、幽雅的环境、显著的成就，先后被中国科协命名为全国科普教育基地，被科技部、中宣部、教育部、中国科协等命名为全国青少年科技教育基地。

他的铜像塑造也充满内涵。二目炯炯有神，似蕴藏着无穷的智慧；硬且稍翘的胡须，反映出郭公坚强的意志和实干精神；手持四卷图纸，分别代表郭守敬科技伟业的四个方面，即天文、水利、数学和仪器仪表制造；天文卷上四个圆点，代表星座；风吹长袍，飘然若动，表示他不仅是位科学家，而且是位注重实践的活动家。

影壁则是大型陶瓷壁画。画面上郭守敬左手拿尺，右手提笔，全神贯注，似正在著书立说，推导演算或设计仪器仪表。背后的青松、仙鹤、太阳，象征先贤的业绩和精神光照日月、万古长青。画面两侧有顶天立地的柱子，好似郭守敬丰功伟业的两座丰碑。画面上的河流、桥梁、水利灌溉、农田耕耘、谷物蚕桑等，体现了他以农为本，观象授时，兴修水利，造福后代的丰功伟绩。

其实，与其说是他的两眼炯炯有神，似蕴藏着无穷的智慧，毋宁说他对很多很多未竟的水利事业充满期待。

邢台市多年平均降水量 525 毫米，多年平均水资源量 14.6 亿立方米，人均占有量 220 立方米，相当于全国人均的 1/10、河北省人均的 70% 左右，远低于国际通行的人均 1000 立方米紧缺标准和 500 立方米极度缺水标准，属资源型严重缺水地区。

在邢台大地，流淌着卫运河、子牙河、黑龙港等水系，河道长千余公里，担负着行洪，排沥的重任。邢台的河流大多从西部太行山区淙淙而来，流域形状就像一把倒扫帚。河道上宽下窄，源短流急，或基流很少，甚至干涸，汛期易暴发洪水。洪水来势迅猛，山区、丘陵、平原连续受灾，难逃灾难。

在邢台大地，水利工程星罗棋布。四五十座水库若明珠璀璨，小水电站别样风景，海河流域最大的滞洪区严阵以待，灌溉机井到处可见。近年，南水北调大渠横空出世，既是邢台一道亮丽的风景，又给邢台带来管理上的难度。

在邢台，设有"南水北调中线建管局河北分局邢台管理处"、原"邢台市南水北调办公室"，呵护着南水北调效益的发挥。这里点多、线长、面广，如何确保工程安全、水质安全及一渠清水永续北送？

49

邢台管理处被誉为"千里水脉的守护者"。

南水北调中线建管局河北分局邢台管理处作为现场管理机构，负责邢台辖区总干渠的安全运行工作，管理范围涉及邢台市、桥西区、邢台县、内丘县 4 个区县，全长近 50 公里。主要建筑物有节制闸、控制闸、35 千伏中心站、退水闸、分水口、倒虹吸、排水渡槽、跨渠桥梁、穿铁路涵洞一座等，真的是"点多、线长、面广"。

既然是"点多、线长、面广"，该怎么完成任务？

邢台管理处首先确定了安全管理理念，即"创新、联动、规范、实效"。

创新，基于"闸站监控系统，视频监控系统，安全监测系统，消防联网系统，安防系统，水质监测系统"等信息化平台，实现各类数据快速收集、现场动态准确捕捉等功能。

联动，与所在地政府应急体系无缝对接，联防联控，实现共同应对，协同作战。

规范，操作流程、处置动作严格遵照技术规范要求，确保规定动作做到位。

实效，注重各类突发应急事件的演练工作，完善应急预案，检验预案适用性，确保做到演细不"演戏"，演练紧紧围绕中线工程管理实际，贴近实战。

他们遵循"预防为主，防治结合"的原则，做好应急管理各项工作。

主要是，强化责任意识，完善应急保障措施；做好队伍建设、物资储备、工程调度、应急处置等工作；完善应急体系建设，提高应急能力；以问题为导向，及时发现问题和不足，更新和完善预案体系，提高管理能力和水平。

七里河节制闸，已经实现了少人值守模式。

在这座大型河渠交叉建筑物的值班室，值守人员只有4名，每班只有2名，负责执行上级下达的现场操作指令，参与维护和检修，以及应急操作等。不时有值守员往来，检查设备或抄表报表。通水以来，邢台南水北调工程先后经历了冰冻灾害、特大暴雨等极端天气及环境考验，安然无恙，确保了一渠清水永续北送。

当京津冀数千万人饮上南来的甘霖时，当北方干渴的河流汇入新鲜血液时，当荒芜的土地变为绿洲时，这些运行管理者，当大书特书。

而另一个单位的名字，原叫"邢台市南水北调办公室"。

这话要从 2010 年 4 月说起。那时，邢台市境内主体工程在河北全省率先开工，如何确保主体工程建设顺利进行，成为原邢台市南水北调办公室的重中之重。

开工伊始，他们就确定了"创造全线最优良的施工环境"的目标，按照"征迁服务建设、环境保障建设"的要求，及时为主体施工单位提供建设用地和临时占地，积极协调相关部门搞好专项设置的迁建，在全线率先创造了无障碍施工环境，被誉为"中线征迁的一面旗帜"。

2014 年 12 月，邢台市境内主体工程全线建成通水，跨渠桥梁建设全部建成通车，总干渠全部用隔离网封挡。

在工程前期工作和建设期间，他们紧抓机遇使工程建设有利于全市经济社会发展。跨渠桥梁与城市规划道路实现全面对接、城区防洪与总干渠防护实现有机结合、优化临时占地方案实现土地新增、全面完成配套工程建设任务，做好水源切换及水量消纳。

2014 年 11 月，原国务院南水北调办公室批准增列邢台市进入南水北调中线生态文化旅游产业带规划，成为全线 14 个特色旅游圈之一。这里将形成以南水北调七里河倒虹吸工程景观为依托，融合周边旅游、文化、生态资源的特色旅游圈，带动开发襄湖岛——白马河市区沿总干渠生态文化旅游带。

按照原河北省南水北调办公室要求，邢台市 2018 年最低消纳水量为年分配水量的 40%，即 1.33 亿立方米；2019 年最低消纳水量为年分配水量的 50%，即 1.66 亿立方米；2020 年需消纳完成全部年分配水量。

这个任务十分艰巨。

他们的决心是千方百计加大江水消纳量，不断拓宽用水范围。在未来五年里，邢台市将以消纳江水为目标，就水源切换、管网扩建、关闭自备井、税费改革、江水直供、水价改革等工作进一步加大落实力度，促进引江水消纳量，使南水北调工程最大限度发挥效益。

当然，确保江水用得上、用得好，保障供水安全是首要任务。

通水以来，邢台市积极协调五个县（市、区）及相关单位做好通水安保工作及保护区范围划定等工作，确保南水北调中线工程总干渠工程安全、水质安全。

这里，两组花絮使人记忆深刻。

50

一个不惑之年的人，却被称为"小喇叭"。

在七里河节制闸一角，44岁的刘四平站在一堆宣传资料前，滔滔不绝宣传南水北调的意义、南水北调中线邢台段的特点、沿线群众应该注意的安全事项。

他经常如此。

每天上班，刘四平便开始他不知道重复了多少遍的渠道安全巡视工作。他习惯背一个照相机穿行在南水北调渠道上，一会儿坡上，一会儿桥下，每当发现隔离网空间较大或被破坏，总要拍摄记录下来。管理处规定每周一、周二安保必须徒步巡查，这有利于发现隔离网周边漏洞或网外保护区内是否存在隐患，便于及时处理问题。

照相机成了他的日常工具。每次把拍摄的问题，分类归整，及时联系相关人员和上报领导，针对问题采取措施并跟踪落实，把安全隐患消灭在萌芽状态。

渠道上的隔离网有时被外人破坏或车辆撞坏后产生较大空洞，特别是在离学校较近的渠道段，放学的小学生有时喜欢通过隔离网空洞进入渠道，会造成严重的安全隐患。他从培训警务和安保人员业务知识着手，经常深入闸站为安保人员讲安全规范、规章制度。他带着发现的问题与安保人员进行交流，不断增强安保人员的责任意识，进一步使安保工作规范化、制度化。他还组织警务和安保人员经常开展联合安全检查，深入节制闸站、桥梁、跨越河道，查看是否有非法跨越等现象。

在他的辛苦努力下，邢台市南水北调警务站获 2017 年度南水北调中线建管局优秀警务站称号，邢台管理处被评为 2017 年度南水北调中线建管局安全先进集体。

为了把南水北调工程安全知识深入周边小学生的心，他走进学校，当起孩子们的业余老师，制作了多媒体课件，讲授"南水北调公民大讲堂"课程；他把平时安全巡查中相机拍摄下的图片制成安全知识展板，放在学校走廊，供同学们学习；他制作了南水北调知识年历和安全知识手册，利用卡通图画把《南水北调工程供用水管理条例》等法律知识变得直观易懂，免费发放到社区、学校，深受大家喜爱。

几年了，他走遍了邢台市社区、学校，走进群众中间，让大家了解南水北调、保护南水北调，引导大家树立节水爱水意识，营建和谐环境。

另一组花絮的主角叫胡朝阳。

胡朝阳是一名外聘员工，管理处请他负责设备巡查，是因为他有丰富的电气知识。46 岁的胡朝阳，不仅目睹了中线工程从建设期到运行期在工程管理上发生的变化，也感受到了南水北调中线工程给当地带来的综合效益。

而他本身，就是最直接的受益者之一。

他的家在渠道边上，一个叫"东良舍村"的地方。南水北调工程征迁，他家的耕地被征用，家也搬到了新盖的征迁房内。透过窗户，他能望得见南水北调渠道，一泓清水，碧波荡漾。

工程建设期，胡朝阳还在工地上做些零工，补贴家用。那时，他就期盼着，南水北调工程快快通水，邢台人快快喝到好水。

2014 年，胡朝阳从唐山一家轧钢厂打工回来，听说邢台管理处招聘闸站值守人员的消息，就想应聘。他家离渠道近，自己有电工技术，在妻子的鼓励下，抱着试一试的态度去应聘，竟然被聘用了。

胡朝阳能吃苦，对工作认真负责。"关键是好学，不懂就问，一学就会。"同事都为他点赞。

他激动地说在家门口打工和在外地打工的感受："在外打工，最大的痛苦是想家。家里有七八十岁的父母，有两个上学的女儿，一大家子都由妻子一人照顾，非常不易。在唐山，一两个月回来一次，舍不得花路费，厂里基本上没有假期。"

他说："在邢台管理处，早上 8 点到，晚上 6 点钟就能回到家。大女儿胡晨颖上了河北农业大学，小女儿胡晨燕考上了邢台县高中。"

"南水北调工程的管理非常规范。"胡朝阳说，邢台管理处对员工一视同仁，基本没有内外之分。所有的活动，大家一起参加。节假日的慰问，一个也不落下。在这里，我找到了归属感，我就是一名南水北调人。

他滔滔不绝。

他认为这里设备维护得非常好，仅开关就有三重保护。哪些设备有点故障，都能够及时发现，迅速处理。而在他工作过的小工厂，零件到了实在不能用的地步才去更换，设备因此经常出现故障，同事手被机械挤伤、脚被机械碰肿的小事故不断。他提心吊胆，只能小心再小心。

他认为南水北调与小公司的工作环境更是没有可比性。扎钢厂是小公司，生产超负荷，粉尘满天飞，铁屑四处溅。每天下班，全身都是黑的，只有一口牙齿是白的。而在邢台管理处的闸站，高压设备与低压设备之间都有安全隔离带，设备设施几乎一尘不染，定时除锈刷漆，每个设备都有二维码，用手机扫一扫，保养记录一清二楚。每根线缆都有标识牌，有问题能够很快按图索骥。

"在这样的环境中工作，没有比这更放心了。"胡朝阳感慨。

孩子上学，老人身体健康，爱人吴冬霞也闲下来。胡朝阳介绍，她加入了邢台管理处工程巡查队伍。吴冬霞说："上班不到半年，俺已经掌握了巡查的工作方法。"听得出，吴冬霞对这份工作很满意，乐在其中。

胡朝阳说，南水北调改变了他们的命运。他的家庭收入比以前提高了两倍，工作比以前稳定，生活更加幸福。

他们唯一的回报，就是踏实认真负责地工作。

南水北调解决了像胡朝阳、吴冬霞这样很多人的务工问题。

南水北调，让他们过上了幸福生活。

51

南水北调，也为邢台市打造水生态文明城带来了机遇。

采访团的车子在邢台大地急驶。路旁，绿树鲜花，匆匆而过；桥下，渠水荡漾，悠悠来往；车内，清凉如许，静静无声。突然，邢台市政府一位负责人，举起扬声喇叭，开始讲述邢台市综合治水打造水生态文明城的事。

2013年8月，邢台市被水利部确定为"全国水生态文明城市建设试点市"；2017年11月，顺利通过水利部和河北省政府组织的试点验收；2018年3月，被水利部命名为全国水生态文明城市。

回顾水生态文明城市建设历程，这位负责人感慨：坚持"节水优先、空间均衡、系统治理、两手发力"的治水新思路，着力构建水管理、水安全、水生态、水文化和防汛抗旱等五大体系，投资158亿元，全面完成8大方面87项任务，30项考核指标全部达到或超过预期。

邢台市水生态文明城市建设，与南水北调工程息息相关。在强力推进生态修复方面，放大了生态效应。比如，骨干水网实现连通，实施了"现代生态水网建设"，基本形成了以南水北调中线、引黄入冀补淀、引卫、位山引黄工程和现有河、库、渠等蓄水工程为骨干的"五纵四横"水网布局。在城区周边实现相邻水系的互联互通，形成环城水系，通过引江、引黄、引卫有效补充农业灌溉和生态用水，增强了水环境承载能力。

他们全面建成了南水北调配套工程，新建水厂20座并全部切换江水，年分配江水3.33亿立方米，在全省率先开展了南水北调直供企业试点。通过实施重大调水和河湖连通工程，形成了老漳河、滏阳河、老沙河、留垒河等多条引黄线路，年均引调黄河水1亿立方米以上，有力地保障了沿线县市区农业灌溉和生态用水，减少了地下水开采。

他们还关停南水北调受水区城市自备井，制定了《南水北调受水区自备井关停方案》，建立了自备井关停档案，累计关停自备井近500眼，形成地下水压采能力1840.7万立方米。通过持续实施地下水超采综合治理，邢台市东部平原区地下水压采量累计达到2.51亿立方米，地下水水位下降态势得到明显控制。

邢台东部平原浅层地下水水位较2014年、2015年相比年变幅抬升了1.74米—2.17米，深层地下水水位年变幅由2014年下降5.66米、2015年下降1.5米，到2016年逆转为抬升8.91米。

这使人欣喜，也叫人心绪激荡。

自20世纪80年代以来，我国华北地区地下水已处于超采状态，地下水水位快速下降，太行山和燕山山前形成大规模浅层地下水漏斗，黑龙港流域出现深层地下水漏斗，引发了地面沉降、地裂缝和海水入侵等一系列生态环境问题。

如今，南水北调的水来了，人们生活饮用水解决了，城市和工业用水得到保证，城市环境逐渐变好了。这样，本地的水资源腾出来，还给农业灌溉和生态环境，地下水下降就可以减缓，甚至可以回升，这对地下水修复有帮助，对恢复已经遭到破坏的生态环境有帮助。

时至2018年年末，邢台又传出一个大好消息！

52

"百泉复涌了！"

"百泉复涌了！"

这对邢台市民来说，无疑是个需要奔走相告的好消息。百泉复涌也成为河北省内外媒体关注的热点，人民网、《中国南水北调报》《河北日报》《燕赵都市报》《牛城晚报》、河北新闻网等媒体纷纷予以采访、报道。作为河北省权威媒体之一的《河北日报》，还在头版予以报道。

百泉位于邢台市经济开发区，乾隆本《顺德府志》记载："百泉，在城东南8里，泉自平地沸出，百，名多也。"历史上，曾有"环邢皆泉，遍野甘露溢，平地群泉涌"的描述。曾经，水涌百穴，其数量之多、涌量之大、水质之佳、景色之美，堪与济南媲美，有"小济南"之称。

邢台"百泉"由百泉坑、葫芦套、黑龙潭、达活泉、金屑泉、紫金泉、珍珠泉、喷玉泉、狗头泉等泉群组成，也曾终年喷珠吐玉，流水潺潺。"百泉"，不仅是大自然赐给人类的一种宝贵水资源，给人类提供了理想的水源，也是一道亮丽的景致，以独特的形貌声色美化着大地，美化着人类的生活，还是华夏民族的一种文化，是中华水文化的重要组成部分。

华夏民族在对泉水的开发利用与认知的过程中，逐渐形成了一种独特的"泉文化"，包括对泉的开发、利用、保护、崇拜、观赏和讴歌赞美等内容。"受人滴水之恩，当涌泉相报""文思泉涌""泪如泉涌"耳熟能详的成语，已经深刻在人们的记忆和行动中。

百泉灌区，历史悠久，元明起就以灌溉之利造福当地百姓。郭守敬曾开渠引泉，灌溉农田、通舟行船，造福桑梓。至明代中叶，泉系发达，灌田增多。新中国成立后，百泉经过多次治理，曾是邢台重要的水源地，曾是旱涝保收的"冀南明珠"，也曾有过小麦过"黄河"和跨"长江"的"奇迹"。

然而，百泉命运多舛。

近年，用水总量迅猛增加，邢台不得不依靠超采岩溶地下水来维系城市发展和人口剧增，随着地下水位急剧下降，昔日的泉涌不复存在。

大致情况是：

1986 年，百泉、狗头泉等泉群相继断流。

1989 年，狗头泉复涌。

1996 年，因降雨发生洪水，狗头泉曾短时间复涌。

2000 年，狗头泉再次短暂复涌。

2006 年 9 月，时隔 20 多年后，干涸的百泉开始复涌。

2015 年，狗头泉也曾一度复涌，不过水量很小。

2018 年 9 月，百泉泉域的百泉、狗头泉相继复涌……

附近的群众，像看着新生儿长大一样，仔细观察百泉的生长。有人在岸边的石头上画上刻度，第二天发现泉水涨了 10 多厘米，一个月泉水水位平均涨 2 米左右。水利部门检测后给出了数字，百泉地下水正以每天 10 厘米—15 厘米的速度上涨。

百泉泉水主要靠降水补给，然而近年降水已经明显减少。

2018 年，邢台市实施了补水工程，分别从朱庄水库、东石岭水库向大沙河引水，通过白马河、七里河等河道补南水，通过市区的茶棚沟、围寨河、小黄河生态补水。邢台市水务局预计，2018 年地下水可再回升 8 米左右。

很多市民带着喜悦心情，到南水北调渠道看补水的情景。南水北调总干渠与七里河相连的闸门缓缓上提大约 10 厘米，长江水奔涌而出，在消力池中水势稍微减弱后，继续快速冲向七里河。七里河再现波光粼粼的美景。

2018 年 9 月，河北省河湖地下水回补试点工作正式启动，清水通过滏阳河进入邢台的"毛细血管"，渗入邢台的角角落落……

一位邢台诗人写道：

······

滏阳河景色惨淡，
杂草丛生水枯干。
触景生情潸然泪，
感叹世事多变迁。
生态破坏影响远，
青山绿水何日还！
重新整理诸河道，
邢襄大地复涌泉。
滏阳美景又重现，
孩提美梦今复圆。
南水北调之动脉，
邢台人民之福田。
期待三年五载后，
滏阳河畔醉桃源。

······

.

第十章

石家庄畅饮丹江水

53

滹沱河，石家庄的母亲河。

滹沱河起源于山西省繁峙县，向东流入渤海湾。滹沱河流域是石家庄历史文化的发祥地，早在五六千年前，就开始有人在河畔居住，早期商代的遗址可以为证。之后的千百年中，滹沱河南北两岸的中山国、东垣邑（今东古城村）、真定（今正定）府先后兴盛一时。

多年来，滹沱河河道断流，河道内黄沙裸露，部分不法分子受利益驱动，在河道内采沙盗沙、私搭乱建，随意乱倒建筑垃圾，盗砍河岸防护林带，滹沱河的生态环境遭到严重破坏，已成为石家庄市北部主要的沙尘污染源。

南水北调中线工程全线通水以来，向滹沱河供水 10 余次，总供水量约 3000 万立方米，让一度干涸的石家庄母亲河再现往日生机。目前，每年给滹沱河提供生态水 700 万立方米，已成为石家庄市滹沱河的主要水源地，为石家庄市的生态环境改善起到了巨大的作用。

大河幽幽，涟漪荡漾。两岸绿树，成排成行。小舟自横，别有趣味。

游人如织，络绎不绝。很奇怪，这里没有车站，却停留着一列老式绿皮火车。

昔日荒沙滩，今日生态园。

从 2007 年 11 月，石家庄开始治理滹沱河，修路筑堤、疏浚河道、植树造景、建设湿地、恢复生态，而这些都离不开水。现在每年南水北调工程为滹沱河补水占到总补水量的 1/5 以上，滹沱河广阔的水面可以有效地调节周边的温度和湿度。对周边温度调节在 4℃ 左右，湿度调节超过 20%。

经过几年的建设，滹沱河目前已完成河道治理长度 16 公里，形成生态蓄水面积约 788 万平方米，蓄水总量约 1340 万立方米，两岸建设绿地约 1.1 万亩，滨水景观路 28 万平方米。一条美不胜收的沿河景观带串起燕赵，串起河北。其中滹沱河生态绿廊项目获得了 2017 年度河北省人居环境范例奖。

环境变美了，吸引着越来越多的人来休闲娱乐。每到周六日这里都是人山人海，早上有很多来晨练的人。

很多游人掩盖不住内心的喜悦。

聂勇大爷坐在凉棚内，高兴地说，他已经来了好几次了，这里的环境很美，有树有花，青山绿水，比公园还好，过去这里是一片荒滩，又脏又乱，你看现在建设得多好。

侯小兰是从外地赶过来的。她说，她看到朋友发的朋友圈，花开得很漂亮，水很绿、树很美，就带着孩子过来了。看到滹沱河美景，她也发视频晒到朋友圈，换来很多"赞"。

在《滹沱河生态修复工程规划暨沿线地区综合提升规划》中，明确打造石家庄绿色发展带、京津冀城市沿河发展示范区。规划建设国内著名、国际知名的美丽河流，对两岸地区进行全方位生态修复。实施一城七县，拥河发展，生态为基、文化为魂、业绿并重，推动沿河两岸发展，建设生态滹沱河、安全滹沱河、文化滹沱河、活力滹沱河、智慧滹沱河。

以水带绿，以绿养水的理念格外引人关注。石家庄将把主城区及灵寿、鹿泉、正定、藁城、晋州、无极、深泽七县扩河为湖。打造滹沱河上核心景观区。通过南水北调水、黄壁庄水库水、再生水等水源向滹沱河补水，实现主河槽内以溪流为主贯穿全线，形成溪流湿地状河道。

规划在滹沱河沿线将建设的景点，仅看名字已经醉了几分：

月影澄波、塔元春早、云龙绚秋、河心莺语、南关乡情、古渡斜阳、滹沱记忆、东垣望月、轻洲烟雨、临济晓色、滹沱争渡、东湾湿韵、滹沱涌月、槐林晚渡、田途烂漫、莲沼香风、廉堤绕绿、滹波剪影、唐襟风清、泽畔杨风等。

这些暂定的名字，充满令人向往的诗意，又娓娓讲述精彩的故事。未来的滹沱河，真的美到无法呼吸，真的美到天上去。

在南水北调滹沱河段，有一个退水闸默默守望。它除了在紧急情况下配合节制闸运行调度，保证输水建筑物和运行安全，还有效改善滹沱河生态环境作用。南水北调中线工程让一度干涸的石家庄母亲河重回往日活力，为广大市民提供了一片碧水蓝天。

滹沱河倒虹吸工程是有功之臣。

54

远远望见南水北调渠上横立着一处建筑，上面写着"滹沱河倒虹吸"几个大字。滹沱河倒虹吸工程位于河北省正定县西柏棠乡新村北，是南水北调中线工程上一座大型河渠交叉建筑物，同时也是南水北调中线工程第一个开工的项目。

儿童节这天，它格外热情地迎接来访者。

冀海河的名字很"实际"。冀是河北的简称，海河是一条河的名字。冀海河小时在海河边玩耍，如今在河北分局工程管理处，负责南水北调中线河北段工程的运行、在建项目质量、安全生产管理以及防汛应急工作。在河北分局管辖的 382 余公里渠道上，冀海河记不得全程巡查过多少次。他对工程的特殊部位了如指掌，熟悉每一个防汛风险点，熟悉每一个环节。

一线巡查是他的家常便饭，看似寻常，却要精准，还要高效。在渠道上，他必须走遍、看遍、看仔细形式多样的建筑物，需要关注众多的风险点、关键性工程。遇到应急突发事件，就不分白天黑夜去现场处理。那是一场说走就走的"旅行"。

冀海河说："夜里有事，肯定是很紧急的事情。接到电话赶去工地，抓紧处理棘手的事情，有时一忙就是整个通宵。"

这样，他陪家人的时间自然就少了，几次答应女儿冀妍冰一起去度周末，但都因为突如其来的工作而改期。一次又一次，他成了"无信"的父亲。女儿后来总是嗔怪："知道你又去工地，谁信你！"他还是带着遗憾嘿嘿一笑去了工地。

一次周六，冀海河终于带爱人、女儿去采摘，女儿开心得不得了，还请来几位同学，一起到果园去。刚到果园门口，电话铃就响了，冀海河匆匆回去。几次"爽约"后，冀海河也觉得十分亏欠孩子，他再也不敢跟女儿规划假期……

儿童节，冀海河把上六年级的女儿带来了。他要让女儿真切地体验一次老爸的日常工作，也作为女儿节日的一个大礼包……

韩晓东的儿子崔晋嘉，今年 5 岁，上幼儿园中班，今天终于实现了一个愿望，跟着妈妈到南水北调渠道边看看。

韩晓东在河北水质监测中心负责南水北调中线河北段工程的水质监测，实验室质量监督、控制等工作。南水北调水质关系重大，水质监测任务很重。

按照藻类监测方案，规定监测频次为每日一次，一年 365 天不能间断。韩晓东每天去现场采样，风雨无阻，然后回实验室进行数据分析。几年来，她没有正常休过一个节假日，没能像其他妈妈那样有更多的时间陪在孩子身边。

2014年，儿子一岁，正在哺乳。她要去外地出差，一时犹豫了。一边要哺乳孩子，一边急需她工作，韩晓东左右为难。最后决定，带上儿子一起出差。列车上，出现一位妇女抱着儿子，带着婆婆的画面，没人想到这是去出差工作。她白天在外工作，晚上回到宾馆让儿子吃上母乳。

孩子上幼儿园时，韩晓东几乎从没接送过孩子，只能拜托老人去接。孩子有时委屈地问她："别人都是妈妈来接，你怎么不来接我？"韩晓东只有哽咽。

有时，儿子搂着妈妈，会问："今天不去上班行吗？"韩晓东一边泪水在眼眶里打转，一边说："不能，那里不能缺妈妈！"

在幼儿园，儿子告诉小朋友"妈妈是去做样"，"做样"成了一个新词。做样是她们采集样本后水质分析的一个专业术语。

耳濡目染，南水北调印在孩子的脑中。他会跟小朋友讲：我妈妈是调水的，我们喝的都是长江水。

崔晋嘉今天来到现场，身穿小小的白大褂，和妈妈一起演示水质检测流程。小小的个子刚刚探出桌面，两只蓝蓝的眼睛紧紧盯着妈妈操作……

浓眉大眼的小潘禹辰，在爸爸潘圣卿的指导下，睁一只眼闭一只眼，正在操作测绘仪。在潘禹辰眼里，爸爸潘圣卿是个超人。

潘圣卿脸庞黝黑，透露着坚毅。他是南水北调的一名工程师，负责石家庄管理处的安全监测工作，除了完成工程的内外监测，他还负责监测设施完善，安全监测自动化的运行维护，数据分析等工作。

潘圣卿大学时学的是测绘专业，因此对测绘领域内技术创新格外关注。他和同事一起开发了石家庄管理处基础数据平台，实现了各类基础资料的有序电子存档及查阅，物资、设施设备的信息化管理。他还提出了测绘无人机——南水北调工程巡查系统方案，既能有效保障巡检人员的人身安全，提高工作效率，又降低作业成本。

测绘工作相对来说是艰苦的。在野外作业，遇到酷暑、寒冬和大风的天气是经常的事，就得"战酷暑，斗严寒"。到了夏季，天热难耐，太阳直射地面，地上热浪翻腾。这种天气容易影响测绘数据的准确性，潘圣卿就和同事早上5点出发，7点开始测量，在热气升腾前，完成户外测量工作。

潘禹辰知道，爸爸潘圣卿的工作是南水北调。

潘圣卿有时带儿子出去玩，经过南水北调渠道，潘圣卿会为儿子讲解南水北调的故事，南水北调印在潘禹辰幼小的心中。他会告诉别人，我的爸爸是一名工程师，是南水北调的工作者。自豪和骄傲的表情，浮现在他圆圆的脸上。

刚刚下过一场雨，渠内绿水幽幽，两岸绿意盎然、鲜花盛开。徜徉岸边，水的清香和花的芬芳沁人肺腑，令人心旷神怡。

南水北调人一心扑在工作上，为了确保一渠清水北送聚少离多。在六一儿童节之际，石家庄管理处组织一些职工的孩子，与父母或亲属一起，体验南水北调人光荣与艰辛，拉近父子、母女之间的距离，让孩子在祖国巨型工程中感受快乐，让孩子理解南水北调人的坚守与担当。

就是这些人舍小家、顾大家，才有了南水北调效益的预期发挥。

55

从南水北调源头 I 类或 II 类水质，一路昼夜兼程，进入水厂，最后到居民家中，依然是可饮用水标准。应该说，各地水厂发挥了重要作用。

2017年2月28日，石家庄东北地表水厂正式并网向城市供水管网送水。

它以南水北调水为主水源，岗南、黄壁庄水库水作为备用水源，在南水北调总干渠枯水期或发生突发事故、检修等特殊时期停用江水时，黄壁庄水库就会作为备用水源。每年3月至5月为春灌期，进厂水为江库混合水。

石家庄东北地表水厂的流程是：

东北水厂采用常规净水工艺＋深度处理工艺组合，原水经南水北调提升泵站进入东北地表水厂，经配水井与预臭氧接触池处理后流入网格絮凝及平流沉淀池，沉淀后的清水送入臭氧接触池及活性炭吸附池，经深度处理后流入砂滤池，进行二次过滤，过滤后的水送入清水池，再通过送水泵房输入市政公共供水管网。

站在水厂之上，见网格、沉淀池、滤池、清水池各成秋色，水在其中或流动，或翻腾，最后进入输水管道。在这里，能够闻到药物的气味，能够看到远方崛起的楼群。

截至本文定稿时，东北水厂每天产水量已经增加至15万立方米，担负着主城区近1/3供水任务，提高了市政公共供水保障能力。随着市区用水量的增加，东北水厂正在按照管理部门的调度指令，逐步提高产水量，发挥着越来越大的作用。

2014年以来，石家庄水务集团积极配合南水北调工程建设，陆续建成了西北、东北、良村、东南等四座南水北调配套地表水厂，同期还铺设了多条与水厂配套的供水管网。这些水厂的建成和供水管线的铺设，提升了供水能力，改善了区域供水环境，也使更多的市民喝上了甘甜的长江水。

自2015年石家庄市民"首饮长江水"以来，石家庄江水整体使用量不断提高。全市主城区江水用量已经达到36.5万立方米每日，超过供水总量的70%。石家庄主城区供水已经基本形成了江水、本地地表水和地下水互为补充备用的格局。

56

南水北调中线河北分局所辖工程起自冀豫交界处的漳河北，途经邯郸、邢台、石家庄、保定等市，面临工程安全、运行安全、水质安全和人身安全的几大挑战。

河北分局京石段工程是南水北调中线投入运行最早的渠段。2008 年 9 月 18 日，京石段工程开始第一次向北京应急供水；2014 年 4 月 5 日，第四次应急供水。

应急供水，意义重大，任务艰巨。

强化科学调度、强化水质保护、强化安保巡查、强化实时监控、强化维修养护，是河北分局运行管理初期提高工程管理水平的主要措施。几年的探索与实践，为全线通水运行规范化管理提供了借鉴，充分发挥了"试验基地、示范基地、培训基地"的重要作用。

而 2014 年 12 月 12 日全线通水，标志着从南水北调中线工程建设期转入了运行期。全线通水后，沿线分水量逐年增加。河北省境内已开启了 37 座分水口，累计分水 20 多亿立方米。南水北调工程为受水区经济社会发展提供了水源保障，对促进生态文明建设起到积极作用。

从 2008 年起依托京石段工程应急供水，到沿线城市供水紧张时刻的多次应急调度，南水北调工程带来清澈的丹江水，保障了沿线人民群众生产生活的正常运转，充分显现了南水北调作为战略工程的重大意义。

引江水作为新增的重要水源，配合价格杠杆等方式加强地下水超采问题治理，一些地区的地下水超采问题得到有效控制，实现了止降回升。石家庄市水资源已经由原来的地下水为主、地表水为辅，转变为现在的以南水北调水为主、当地地表水为辅、地下水为补充的状况，南水北调为沿线供水安全提供的坚强保障。南水北调中线工程贯穿京津冀全境，为京津冀协同发展构筑了水的命脉。

南水北调中线总干渠在河北省境内形成了一条 465 公里长、几十米宽的绿色长廊、清水走廊，为沿线城市生态文明建设发挥了重要作用。千里江水的到来，缓解了沿线滹沱河、七里河、滏阳河等大中小河流"饥渴"状态，涵养了水源，补充了地下水，使这些区域河流重现生机，再现清水绿岸、鱼翔浅底、碧水蓝天、鸟语花香的美景。

河北地处华北平原，东临渤海，西依太行，北靠燕山，南接中原，内环京津，畿辅之省，位置独特。一路上，眼前闪现令河北人自豪的三张文化名片：一是以张家口阳原县的泥河湾文化为标志，"东方人类从这里走来"；二是以 5000 多年前在涿鹿黄帝、炎帝、蚩尤三祖合符为标志，"中华文明从这里走来"；三是以革命圣地西柏坡为标志，"新中国从这里走来"。

然而，河北又是水资源严重稀缺的省份之一。由于水资源承载力不足，地下水的过度超采，形成了跨京津冀区域地下水降落漏斗，人均、亩均水资源量都相当于全国平均值的 1/7 到 1/8，远低于全国平均水平和相邻省、自治区、直辖市。

在这种情况之下，河北再成"大义之美"。

南水北调京石段，在中线全线工程贯通前，已成为首都水资源保障的重要通道。无疑，南水北调工程对缓解河北省水资源严重短缺、改善水生态环境，助推京津冀协同发展国家重大战略，满足雄安新区建设发展用水需求，彻底改变河北省部分地区长期饮用高氟水、苦咸水和其他有害物质的地下水状况，具有重要的基础性作用，对推动河北保护利用水资源方面贡献巨大。

第十一章

这里的姑娘开口笑了

57

"我上大学的时候，同学们都看我的牙，我真的很尴尬！我连笑都不敢张嘴，都是抿嘴，不敢笑！没办法，花钱做牙美容，隔一段时间做一次。现在喝上长江水，再不被高氟水困扰了！"泊头市美女播音员于红蕾露出洁白的牙齿，笑着说。

沧州是运河古郡、历史名城，因东临渤海而得名，意为沧海之州。沧海之州给人们的印象却是高氟水、氟斑牙肆虐，给几代人刻下了终生的烙印，让沧州市民饱尝其害。沧州一度是全国最严重的氟中毒危害区，也曾是全国唯一饮用高氟水的地级城市。

沧州多年水资源总量为 12.33 亿立方米，人均水资源占有量 180 立方米，仅占全国水平的 8%、河北省的 60%，水资源短缺问题十分突出。由于特殊的水文地质条件，沧州市浅层水苦咸，深层水高氟，全市大部分地区都为高氟水区，部分地区饮用水含氟量高达 8 毫克每立方米。

从 1965 年运河断流到 1997 年东水厂正式供水的 30 年间，整个沧州市区的居民全部笼罩在了高氟地下水的阴霾之下。因长期饮用高氟地下水，这一时期出生的孩子 90% 长了氟斑牙，生活在这一时期的成年人 35% 患有不同程度的氟骨病。

不仅仅是美丽的沧州姑娘"笑不露齿"，那些成年的汉子往往腰弯而不直。因为氟骨症早期可出现脊柱关节持续疼痛，进而关节活动障碍，肌肉萎缩，肢体麻木，僵直变形，甚至瘫痪。

为彻底解决沧州高氟的危害，沧州市实施了改水降氟工程，正在长大的孩子不再有父辈们的氟斑牙。2003 年，改水降氟工程获得"中国人居环境范例奖"。然而，工程竣工后，很多大企业、单位仍在使用着自备深井水源，近 10 万人仍处在高氟的水深火热之中。2005 年、2006 年，沧州市政府继续关停自备井，但饮用高氟水的历史还没有彻底结束。

"彻底"解决水问题，沧州执着又前行。

<h1 style="text-align:center">58</h1>

人与水纠结日久，近年沧州治水频频发力。

经过多年建设，沧州市水资源还是极度匮乏。从沧州水利工程分布图上，能看到众多的引水工程，比如石津、保沧 2 条大型引江干渠，位山、潘庄、李家岸、引黄入冀补淀 4 条引黄线路，王大引水，引卫，引岳，岗南、黄壁庄水库引水等引水渠道。

沧州市始终把引水作为沧州破解水瓶颈、改善水生态的根本出路，广开外调水源。比如引黄，在不断完善山东聊城位山和德州潘庄两条引黄线路的基础上，去年沧州市首条引黄专线——李家岸引黄线路及列入国务院重大水利工程的引黄入冀补淀工程均实现试输水，在全市范围内形成东西互补、南北互济的引黄工程体系，年引黄水量从几千万立方米最大达到 3 亿多立方米，且补水范围逐步从生活、工业扩展到农业、生态。再如引卫，漳卫新河沿线六县连年利用汛期，从上游引水，年引水量在 1 亿立方米以上；又如王大引水，这是沧州市开辟的从保定王快水库到大浪淀水库的引水线路。近年西部四县（市）多次利用该线路引水；还如引岳。已经从岳城水库引水到沧州市三大水库，并为沿线补充了农业用水和生态用水。

更值得一提的是岗黄引水。这是新开辟的引水渠道，即利用南水北调石津干渠，引岗南、黄壁庄水库的水，从南皮小白庄出口放水，为泊头市、南皮县、沧县、孟村县、黄骅市、海兴县、青县补水。

沧州是国家地下水超采综合治理试点之一，有 18 个县（市、区）先后被列入试点范围。他们围绕"水从哪里来、向哪里放、往哪里用"，以逐步实现地下水采补平衡为目标，确立了"确权定价、控管结合、内节外引、综合施策"的治理模式，投入巨资改造坑塘，整治渠系，兴建建筑物，发展（改造）灌溉面积，置换地表水源，形成地下水压采能力 2.5 亿立方米，节水量数百万立方米。

沧州还积极创建国家节水型城市，制定了《沧州市创建国家节水型城市工作方案》，完善节水法规制度，加强节水宣传，强化节约用水监管，抓好节水器具改造，拓展非传统水资源利用，收集整理创建资料，积极申报国家节水型城市，迎接国家节水型城市考核验收。其中，河北省是全国先期开展水资源税改革的唯一试点，沧州先行先试，以征收水资源税保证水资源有效利用，成为创建国家节水型城市的亮点之一。

南水北调通水后，切换长江水后沧州市彻底摆脱了饮用高氟水的困扰，极大方便了当地农民用水，切实提高了农民的幸福指数，有效解决了深层地下水的过度开采问题。作为深层水严重超采区，沧州已关停饮水井，年压采地下水 300 万立方米，水源置换工程压采深层水效果明显。因地下水水位极速下降造成的一系列地质问题，终于得到了有效缓解。

59

如果把南水北调大渠比作主血脉，而分布在沧州大地的诸多配套设施就是毛细血管。这些毛细血管直通家家户户，沧州市城乡约 400 万人可喝上长江水。

在一张沧州市南水北调工程分布图上，可以清晰看到东、中、西三条线路。沧州市南水北调配套工程概算总投资约 47.8 亿元。

沧州市南水北调配套工程自 2008 年开始前期工作，2013 年 6 月正式开工建设，2017 年 6 月全部建成通水。自工程开工建设以来，累计提交工程建设用地 2.5 万亩，建成水厂以上输水管线近 300 公里、地表水厂 9 座，完成穿越河流、高铁、高速和国省干道等节点工程共 42 处，建成大型加压泵站 7 座，管理设施 18 处。

沧州地处黑龙港河流域，为严重高氟水区，饮水安全是困扰全市多年的重大民生问题，群众喝上长江水的心情日趋急迫。工程规划审批之繁、征地拆迁之难、建设任务之重，在沧州水利史上创造了多个第一。

南水北调中线沧州段，不时传来喝上长江水的好消息：

2015 年 10 月，石津干渠沧州段贯通。11 月 12 日，沧州市通过石津干渠向大浪淀水库输水 3000 万立方米，沧州市区及水库周边县（市）城镇居民喝上了长江水，这标志着沧州市南水北调配套工程正式通水。

2016 年，沧州市再次通过石津干渠向大浪淀水库引水 2000 万立方米。

2017 年 6 月，沧州市南水北调配套工程全部建成通水，东光、吴桥、河间、肃宁、任丘、献县、泊头、青县等 8 个县（市）的 9 座水厂全部按期切换成长江水源。2017 年沧州市共引长江水 1.5 亿立方米。

2018 年年初以来，沧州市已引长江水 2119 万立方米。自 2015 年 11 月通水至今，沧州市已累计引江水 2.2 亿多立方米。

南水北调中线分配沧州市水量指标为 4.83 亿立方米，将有越来越多的人喝上长江水。目前，沧州市完善制度，加强巡查，落实责任，保障工程运行安全和供水安全。

2020 年前，沧州市人民都喝上长江水，彻底告别高氟水的危害！

60

这是一份高氟水的危害的报告。

对骨骼的损害。过量氟进入机体后与钙结合成氟化钙，主要沉积于骨组织中，少量沉积于软骨中，使骨质硬化，甚至可使骨膜韧带及肌腱等硬化，诱发副甲状腺功能亢进；引起骨骼脱钙，骨质疏松及骨膜外成骨现象。因此氟骨症早期可出现脊柱关节持续疼痛，进而关节活动障碍，肌肉萎缩，肢体麻木，僵直变形，甚至瘫痪。

对牙齿的损伤。当体内进入过量氟时，大量的氟沉积于牙组织中，可致牙釉质不能形成正常的棱晶结构而形成不规则的球状结构，产生斑点，在此不规则的缺陷处色素沉着，呈现黄色、褐色或黑色，同时牙的硬度减弱，质脆易碎裂脱落。

对其他组织的影响。除对骨骼牙齿的伤害外，对神经系统、肌肉、肾脏、血管、内分泌均有毒性作用，可能与氟对细胞原生质和多系统酶活性有广泛的不良影响有关，目前尚无特效治疗药物，主要靠预防来减少机体对氟的摄入，改善生活条件，增强肌体抵抗力。

地表水和地下水氟含量对比报告显示，我国饮用水含氟量的标准为每升水含氟量不超过 1.0 毫克，沧州市地下水每升水含氟量 1.8 毫克—2.7 毫克，远远高于国家标准，饮用高氟水很容易引起氟中毒。切换长江水后每升水含氟量 0.28 毫克，饮水水质是安全的、健康的。

多少弯腰驼背、瘫软在床的老人，带着深深的遗憾离开了人世。南水北调通水后，切换长江水的沧州市彻底摆脱了饮用高氟水的困扰，有效解决了深层地下水的过度开采问题，因地下水谁位下降造成的一系列地质问题得到了有效缓解。

难怪，沧州的姑娘曾笑不露齿。

第十二章

解释一下衡水的"衡"

61

查阅有关资料得知,"衡水"是河流的名字,是当时穿越今冀州区境内漳水段的别称,又名"横漳"或"衡漳"。因漳水从西南入境后,不是东流入海,而是折向北流,然后入海,于是古人把这段漳河水称为"衡水"。

几位退休的水利职工,说原来衡水的河路码头商贾云集,河中千帆竞发,船工号子嘹亮。摇一叶小舟,可从天津到衡水。可惜,此景远去,河已干枯。

衡水,位于白洋淀上游、九河下梢,曾经河交织、水纵横。南运河、滏阳河、清凉江、索泸河、江江河自西南向东北,蜿蜒斜穿全境,滹沱河、潴龙河则由西向东横贯境北。曾掘地出水,水横流。然而,已成追忆。

叫"衡水",水从来就没有"均衡"过。

衡水属黑龙港盐碱地区,有"近看水汪汪,远看白茫茫"之说。因处九河下梢,汛洪一泻而来,成一派汪洋,陆地可行船。冀州是大禹治水始发地，但大禹未完全"疏通"水患，倒是毛泽东主席号召"一定要根治海河"，数万民工大会战，减少了衡水的灾害。至今，滹沱河北大堤和潴龙河千里堤，默守衡水、天津及雄安新区的安澜。

然而，衡水人怕水多，又怕水少。

20 世纪五六十年代，上游陆续建了东武仕、岳城、朱庄、岗南、黄壁庄、西大洋、横山岭、王快、临城等大型水库，中小型水库更多。这些水库充分发挥拦洪蓄水作用，也减少了对衡水的供给。

那时，大小广播喇叭里、各种会场的上空，飘荡着粮食"过黄河跨长江"的声音，衡水开始打井浇地。"衡水地区打井指挥部"挂牌，掀起打井大会战。井越打越多，衡水突现 7 万多眼井；井越打越深，从几米、几十米打到几百米。

水，确是农业的命脉！

"过黄河跨长江"，衡水的粮食产量标准分别是 400 斤、500 斤，而现在无论小麦还是玉米，亩产都达到 1200 斤。7 万多眼井，支撑近 800 万亩地，生产 70 余亿斤的粮食。作为国家粮食生产基地，地下水水位却大幅度下降。

衡水多年平均年降雨量 495 毫米，年蒸发量却高达 1557 毫米；多年平均年水资源量 6.13 亿立方米，人均占有量只有 148 立方米，为河北省人均水平的 48%，为全国人均水平的 6.7%，为全球人均水平的 2%。衡水，是严重的资源性、工程性缺水地区。

衡水市多年平均年用水量 15 亿立方米以上，可供水量只有 7 亿多立方米，每年至少超采地下水 8 亿立方米。长期严重超采，形成面积 4 万平方公里、最深处 120 米的"冀枣衡"漏斗区。

徐少钧 19 岁进入衡水水务局，退休前是防汛抗旱办公室主任，抗旱的主要任务就是组织打井。至于经他手打了多少眼井，他自己也说不清。很有意义的是，父亲从前打井，儿子今天封井。徐少钧的儿子徐阳要和他的同事，封掉 8000 多眼机井。

其实，打井和封井，都是为一个"衡"字。

之所以实施压采工程，就是因为衡水的水资源供需已经失去了平衡，因为衡水的经济社会发展超过了水资源的承载能力。压采，势在必行，时不我待！

62

党的十八大及十八届三中全会，强调加强生态文明建设的利好消息，通过电视、网络传到这里，他们感到"有河皆干、有水皆污"的状况将得到改变；

2014 年中央 1 号文件，明确写上了"开展华北地下水超采漏斗区综合治理"的文字，他们感到这种改变越来越近，一个采补平衡的用水系统将形成；

习近平提出的"节水优先、空间均衡、系统治理、两手发力"，他们感到就是对这里说的。

河北省委决定，华北平原地下水超采问题，要用 3 年至 5 年的时间解决。水利部、财政部、农业部、国土资源部、中国气象局等部委，先后派人来衡水考察……

要强化地下水保护与超采区治理，逐步实现地下水采补平衡。衡水"锅底"问题将得到解决。

2014 年 10 月，河北省地下水超采综合治理现场观摩调度会暨国家部级联席会在衡水召开……

新中国成立以来，衡水最大的"馅饼"从天上"砸"了下来。

三年压采项目投资 76 亿多元，这是前几十年全市农村水利投资的总和，一个经济总量倒数河北省前列的市区，还从未见过这么多银子。尤其是水务人，不知所措。资金怎样花？工程怎样布局？在水利人才奇缺、任务十分繁重、时间异常紧迫的情况下，怎样完成任务？

当时，有人感慨：说是压采地下水，其实是压我们，踩我们。有压力才有动力，有困难才有办法，有教训才有经验，衡水水务人迎难而上，务实求真，大胆实践，这个"硬骨头"被他们啃了下来。

"四替代""五举措"，是衡水人津津乐道的家珍。

这是衡水市压采地下水的"顶层设计"，也是经实践证明的成功经验。"四替代"就是地表水替代地下水、外来水替代本地水，浅层水替代深层水，低耗水作物替代高耗水作物；"五举措"就是"节、引、蓄、调、管"五措并举。

"节"，就是"节水"。把节水放到优先位置，以提高水利用效率为核心，大力发展节水灌溉和农艺节水技术，实现从渠首到田间"一条龙"节水。

在衡水，喷灌的龙头如天女散花，滴灌的水滴似无声细雨，滋润干渴的土地。而"一提一补"农业水价改革，成为一道亮丽的风景。"提"就是提高水价，"补"就是政府补贴。价格就是杠杆，"一提一补""撬动"试点村节水率达 21%，每亩年节水量可达 40 立方米。

"引"就是"引水"。九河下梢，却少有来水，衡水情何以堪！他们把外流域调水作为最直接、最有效的手段，最大限度引用外来水。近三年，衡水市从南水北调中线，黄河，卫运河，岳城、岗南、黄壁庄等水库，引水 10 亿多立方米。

从 2014 年至 2016 年，引外来水加之调结构、高效节水，衡水形成压采能力 8 亿多立方米。尽管按照总超采量 11 亿多立方米计算，仍有近 3 亿立方米的超采量，但项目区的群众已尝到了地表水灌溉水量大、灌水时间短、作物长势好的甜头。

2016 年 6 月至 7 月，衡水湖喜迎黄河水，呈现历史同期最高水位。至今，湖水浩渺，荷花绽放，水鸟嬉戏。

"蓄"就是"蓄水"。以构建平时储水、用时供水、涝时排畅、城乡一体、循环贯通水网体系为目标，着力建设调蓄工程。一些多年的河道"肠梗阻"被打通了，一些多年的"死塘"复活了，全市蓄水量达到2亿多立方米。

"调"就是"调结构"。调整种植结构，压减高耗水小麦种植面积。衡水市每年调出小麦20亿斤，相当于每年从衡水调走4亿—5亿立方米淡水。压减小麦种植面积、扩大林业种植面积，是压采的有效措施之一。已经压减小麦种植面积157万亩次，扩大林业种植面积21万亩。

"管"就是"管理"。落实最严格水资源管理制度，创新水利工程管理体制机制。他们吸引社会资本参与压采项目建管护工作，解决工程运行维护经费短缺，管理单位、人员及管理机构不健全问题。

63

河北津龙现代农业科技有限公司，在景县龙华镇贾吕村。

贾连海是公司董事长、村党支部书记。他打开车门，一泓清水映入眼帘，像镜子一样清澈明净。天空的云、池边的树映入水中，不停地闪耀晃动。这样的池塘，他有10余个。

这水是从黄河引来的。如果没有黄河水，今年的夏粮恐怕就没有收成。

贾连海是全国粮食生产大户标兵，从农户中流转来2万多亩地，仅小麦就种了1万多亩，有机井47眼。目前，机井全部封闭，黄河水替代深井水，年节约电费200多万元。

他手指另一池塘说："池塘下边都埋了管子，他们之间是连通的。一共有200多亩。"目前，他有4300亩地告别深水井，使用外来水。如果按亩均节水 40 立方米算，这个流转大户一年约节水 17 万立方米。

压采前，往往是一眼深井，带两眼浅井浇地，叫"挂铃铛"，井水越出越少；压采后，从衡水人的心里踏实许多。

压采有了成果，全社会节水意识进一步增强，生态文明、绿色发展理念深入人心。

地下水超采综合治理试点成为"节水优先、空间均衡、系统治理、两手发力"具体行动，绿色崛起上升为衡水市全市战略；试点工作的开展，促进了全社会对水资源紧缺性的认识，因水制宜、因水定产、适水发展、节约用水观念得到强化。

深层地下水超采势头得到遏制，水位相对提升。河北省水文局地下水水位监测结果，2016 年 12 月，衡水市深层地下水平均埋深 66.7 米，比 2015 年 12 月回升 3.11 米；漏斗中心区的景县留智庙镇八里庄一带深层地下水埋深最大为 98.46 米，比 2014 年最大埋深 120 米回升 21.54 米。

水利基础设施建设得到恢复和加强，引蓄水能力大幅度提升。地下水超采综合治理试点建设的水利工程，成为衡水市的宝贵家底。它们像忠诚的卫士，守护着衡水水资源的平衡。

64

南水北调中、东线工程都能够让衡水受益，这是衡水的最大福音。

衡水市实施建设的南水北调工程是南水北调中线干线的配套工程。河北境内南水北调中线一期的配套工程于 2013 年全面开工，向邯郸、石家庄、邢台、廊坊、保定、衡水、沧州七个设区市输水。

2015 年，河北省配套工程基本建成、开始通水试运行，其中衡水市各地表水厂于 2015 年 11 月开始相继试通水。

衡水市中线输水线路是利用河北省石津干渠输水，江水由南水北调中线上的石津干渠田庄分水口开始,自西向东经石津干渠明渠流入衡水市。在原衡水市南水北调办白墙上的地图,清晰地标识着南水北调工程在衡水市的路线:

通过石津干渠、和乐寺泵站,向安平、饶阳2个县供水;

经深州泵站,向深州市供水;

经石津干渠、军齐干渠、七分干输水至傅家庄泵站,向衡水市区、工业新区、武邑、滨湖新区、冀州、枣强、故城供水;

经石津干渠、大田南干渠压力箱涵工程,向武强、阜城、景县供水。

衡水市的南水北调配套工程主要采用泵站加压的管道输水方式,有6座加压泵站,水厂以上输水管道全长225公里,石津干渠压力箱涵33公里,涉及桃城区、工业新区、滨湖新区、冀州、枣强、武邑、深州、武强、饶阳、安平、故城、景县、阜城共13个供水目标,共新建12座地表水厂、维修改造1座地表水厂。

衡水市水厂以上输水管道工程投资约20亿元,石津干渠压力箱涵工程投资约8.2亿元,各县市区水厂及配水管网估算总投资约18亿元。工程主要是解决衡水市区及各县市的城市生活和工业用水。年引水量3.1亿立方米。

衡水也处于东线工程的受益范围之内,规划东线二期工程,即把一期工程继续向北延伸,通过东线工程向北输水到河北省衡水、沧州,再到天津,现处于规划设计阶段。届时,衡水湖、白洋淀均在供水目标范围内。

用好南水北调引江水,缓解衡水市资源性缺水矛盾,促进全市生态文明建设和绿色发展,已经成为衡水市各级政府部门和广大群众的共识。

衡水市下一步相关工作安排:

完善江水利用工程体系,全力加快配套工程建设扫尾工作,加快城镇公共供水管网向周边农村延伸工程建设,实施工业用水大户江水直供等试点工程建设,扩大江水供水范围;

实行最低水量消纳计划管理。按照全省统一要求，严格实行最低消纳水量计划管理和目标考核制度，实际引江水量未达到最低计划水量的按最低计划水量计收水费，并通报问责。超过最低计划水量的按实际水量计收水费，实行超额累减优惠水价政策；

落实水价调整补偿政策。提高城市基础设施配套费征收标准，增量部分全部用于引江水价补贴、城镇供水管网改造和新建供水设施。统筹考虑用水户、供水企业和政府承受能力，落实终端水价；

严格水资源管理。优化水资源配置，强化"三条红线"刚性约束，采取法律、行政等手段，加强切换江水。强化水资源论证，南水北调工程覆盖范围内新建、改建项目一律不得取用地下水。加强水资源税征管，发挥税收杠杆作用，限制地下水超采，对未经批准擅自取用地下水的，根据水资源税征收办法按照3倍税额标准征收水资源税。坚决关停自备井，2018年底前全部关停公共供水管网覆盖范围内的自备井……

南水北调工程也是衡水的"血脉"，助力衡水的"水平衡"。

"衡"字可以组成多个词汇，但是组成"平衡""均衡"，做到"采补平衡""均衡发展"，是衡水在我国水资源分布不均、时空失衡的状况下，一种值得借鉴的有益探索。而南水北调，确实在衡水的"衡"中，起到了关键作用……

2018年9月13日，随着华北地下水超采综合治理河湖回补地下水试点启动，生态之水淙淙进入滹沱河安平县段。"水来了！水来了！"安平县村民纷纷来到河边，表达喜悦心情。相关技术人员称，补水后，近期安平县区域地下水位将回升明显2米—3米……

第十三章

千年大计水为上

65

2018 年 4 月 14 日 9 点 28 分，河北省易县的瀑河退水闸开始冒出一股清流，翻着白练向白洋淀奔腾而去。在易县这块英雄的土地上，演绎了温情的一幕。

易县位于保定市西北部，太行山北端东麓，具有 2000 多年的建县历史，实为千年古县。境内有狼牙山、易水河、易水湖、紫荆关、荆轲塔、清西陵、老子道德经、战国影视城等名胜古迹。

狼牙山是一座英雄山。

1941 年 9 月 25 日，日寇以数千之众，陆空配合，大举扫荡晋察冀边区。在狼牙山战役中，为了掩护大部队安全撤离，晋察冀军区班长马宝玉，带领葛振林、宋学义、胡德林、胡福才等人，于狼牙山险峰之上与日寇死战。日寇人多凶猛，进攻激烈，炮火连天，烟云迷空。五壮士以一当十，以十敌百，英勇杀敌，坦然不惧，激战五小时，击退敌人多次冲锋，阵地屹立。最后弹药尽绝，无法应战，五壮士一起宣誓，誓死不当敌人的俘虏，誓死捍卫中国人的尊严，于是将枪摔坏，先后奋勇跳下万丈悬崖，成为一种永恒。

英雄之气惊天地、泣鬼神，激荡神州，光彩照人。英雄精神浸入中华文化的血脉，不断滋养不屈不挠的中华民族。为了纪念我们的英雄，后人在狼牙山顶峰，竖起了狼牙山英雄纪念碑；在山下，修建了五壮士纪念馆。狼牙山作为革命传统教育基地，无数人来到这里，缅怀英雄业绩，寻找英雄足迹。

易水河是一条英雄的河。秦国兵临燕国城下，为了抵制秦国大军进攻，燕国太子丹痛施苦肉计，樊於期舍身求义，荆轲慷慨刺秦，秦武阳肝胆相照。太子丹等人穿着白衣，戴着白帽到易水河边为荆轲送行。筑声随节拍抑扬，众人流泪且呜咽。荆轲作歌唱道："风萧萧兮易水寒，壮士一去兮不复还"之后，荆轲头发向上竖起，顶住帽子，毅然上车离去。燕赵自古多慷慨悲歌之士，那种悲怆的英雄主义，依然使人回肠荡气……

易县距离北京、天津、石家庄约有两个小时左右的车程，距离雄安新区更近，是名副其实京津石及雄安新区的后花园。在全域旅游的背景下，狼牙山、易水河、易水湖、紫荆关等传统景点游人如织，如"京西第一庄""狼牙山百花园""太行水镇""知青小镇"等新项目的旅游盛况空前。

易县之旅，真正的快乐之游。

它与南水北调的关系由来已久。早在 20 世纪 70 年代，易水河边就有人开始勘测南水北调路线。南水北调开工到通水，易县大地上演了一场火热的建设场面。2008 年，河北的应急水通过易县段进入首都北京的"血管"。随着南水北调向雄安新区供水，它与雄安新区的关系掀开了新的一页。

66

2018 年 4 月—6 月，南水北调中线一期工程启动向北方生态补水，向天津、河北、河南三个受水区生态补水 5.07 亿立方米，其中分别向邯郸、邢台、石家庄、保定、廊坊、衡水市实施生态补水。经瀑河、易水河向白洋淀适当补水，进一步改善白洋淀水生态环境。

2018 年 4 月 21 日，经中共中央、国务院批复同意，《河北雄安新区规划纲要》惊艳亮相。《规划纲要》指出，设立河北雄安新区，是继深圳经济特区和上海浦东新区之后又一具有全国意义的新区，是重大的历史性战略选择，是千年大计、国家大事。雄安新区将打造成贯彻落实新发展理念的创新发展示范区、新时代高质量发展的全国样板。

按照《京津冀协同发展水利专项规划》，到 2020 年京津冀区域 水资源超载局面将得到基本控制，地下水基本实现采补平衡；到 2030 年，京津冀水资源承载能力、水生态文明水平将得到进一步提升，一体化协同水治理管控能力增强，应对风险能力和水安全保障程度提高，基本实现水利现代化。

河北省政府印发的《地下水超采综合治理五年实施计划》，要求到 2022 年全省地下水压采量达到 54 亿立方米以上，压采率达到 90% 以上，力争到 2022 年地下水漏斗中心水位回升、面积逐步减小，地下水超采状态得到极大改善。

尤其《河北雄安新区规划纲要》，直接点名南水北调。南水北调工程要保障新区水安全，要打造优美自然生态环境。《雄安新区规划纲要》明确，白洋淀水位要保持在 6.5 米—7 米。

《规划纲要》第九章第二节"保障新区水安全"中说，构建水源保障体系。依托南水北调、引黄入冀补淀等区域调水工程，合理利用上游水、当地水、再生水，完善新区供水网络，强化水源互联互通，形成多源互补的新区供水格局。

早在 2017 年 4 月 15 日，从雄县地表水厂承接南水北调水开始。雄安新区所涉及的雄县、安新、容城三县全部实现调引南水北调水。截至本文截稿时，南水北调中线工程已累计向雄安新区调水近千万立方米。随着雄安新区建设步伐的加快，南水北调工程在"保障新区水安全"方面还将承担更多的责任。

这就是说，南水北调工程向雄安新区或其周边城市供水，缓解区域内水资源紧张状况。同时，南水北调工程提供的稳定水源，也为其他外调水源向白洋淀补水提供更多可调控的空间。

《规划纲要》指出，雄安新区到2035年，基本建成绿色低碳、信息智能、宜居宜业、具有较强竞争力和影响力、人与自然和谐共生的高水平社会主义现代化城市。并且，在《规划纲要》中的第四章专门阐述"打造优美自然环境"。

所以，南水北调工程的功能不仅仅是供水，是集社会、经济、生态等综合效益为一体的基础性、战略性工程。打造优美自然生态环境、实施白洋淀生态修复，离不开南水北调工程的参与。其中，要减少受水区地下水开采，减少周边城市对白洋淀水源的依赖程度。

地面沉降、河湖萎缩，危害城市安全，破坏生态环境，河北省地下水超采综合治理尤为迫切。南水北调将对河北省地下水超采综合治理给予的信心和支撑。

无论在城市还是在农村，都是以节水为核心来压采地下水，而南水北调则是开源，每多一滴南水北调水被运送至居民家中，就意味着原来作为饮用水的地下水少开采一滴，饮用的南水北调水虽不直接变成地下水，但同样对地下水压采起到非常重要的作用。

这种做法叫"饮用水水源置换"。

截至本文截稿时，南水北调累计向河北供水超26亿立方米，受水区城镇已累计关停自备井6297眼，形成地下水压采能力9亿立方米，地下水生态得到逐步恢复改善。

南水北调生态补水，使白洋淀上游干涸36年的瀑河水库重现水波荡漾，徐水区新增河渠水面面积约 43 万平方米，河道周边浅层地下水埋深平均回升 0.96 米，改善了白洋淀上游水生态环境，对淀区水质和生态环境提升作用明显，白洋淀淀口藻杂淀监测断面入淀水质由补水前的劣 V 类达到 Ⅱ 类。

2018 年开始的华北地下水超采综合治理河湖回补地下水试点，也开启了南拒马河补水的大幕……

河北省政府出台《河北省生态保护红线》，划定生态保护红线 4 个重点区域，基本形成护佑京津、雄安新区和华北平原，优化京津冀区域生态空间安全格局。其中明确，南水北调作为京津冀跨流域调水水源地，通过为京津冀提供水源，可以适当补充京津冀地下水，保护该区域湿地和维护生物多样性，对于改善生态环境，调节局地气候具有重要作用。

无疑，相比于南水北调的"开源"，转变用水方式的"节流"也同样重要，而"保护"恰恰是一柄出鞘的利剑。三者当是"三驾马车"，疾驶向既定的目标。

第十四章

一部由苦咸到甘甜的水史

67

长江水不远千里而来，与海河实现了历史的交汇。

伫立三岔河口，望海河、北运河、南运河在此交汇，水波荡漾，绿光粼粼。望海楼、盼水妈雕塑，注目河水流淌。

62 岁的市民胡春风一边甩出鱼竿，等待鱼儿上钩，一边兴奋地说，几天前他钓到一条 10 斤多的大鱼；将要退休的保洁员高大全，一边打捞水中的杂草，一边讲他在海河边长大经历；70 岁的张爱云老人一边散步，一边讲述天津的水源变迁史。

自来水不用盐就能腌咸菜的故事让人心酸。

南运河、海河曾是历代天津市民主要的饮用水水源，靠"水夫"车拉肩扛到家中"大水缸"。挑回来的河水却不能直接饮用，需要先放明矾，经过沉淀之后，煮开才能饮用。天津老城的"水阁大街""挑水胡同"等街名，见证了天津市民饮用水的历史。

20 世纪七 80 年代，海河流域进入枯水期，水质极其恶劣。泡茶，是苦的；熬粥，是咸的。"自来水腌咸菜，汽车没有骑车快，小白菜西红柿搭着卖。"这句流行于天津的顺口溜，被老天津人幽默地称为"天津三大怪"，而形容一个人没事到处瞎逛是"海河水——咸流儿（闲溜）"，这说明天津水质的特点。

原来，地处九河下梢、渤海之滨的天津，却也是长期处于极度缺水的状态。那一部天津的水源变迁史，就是由苦咸到甘甜的历史。

1981年夏秋，华北遇到半个世纪以来最严重的干旱，天津遭到史上罕见的水荒，面临断水的危险，一份十万火急的报告送到中南海，仅三周多的时间国务院即批复实施"引滦入津"工程，开启天津从外调水的历程。1983年9月11日，引滦入津工程结束了百姓喝咸水的日子，而引滦入津工程纪念碑的"盼水妈"雕像，却没有阻止20世纪末开始的天津连年干旱。天津又紧急7次"引黄入津"。

南水北调工程实施，天津从"不要东线水"，到"只要有水我都要"。

果然，南水来了。

站在三岔河口，看到金钢桥海河堤岸的浮雕墙，上面雕刻着清代画家江萱所绘的《潞河督运图》，浮雕记录下了天津曾经的繁盛景象。如今，在新兴建不久的"天津之眼"的注视下，新水源正在促使天津这座城市经历一场沿革和变化。那来来往往的大船，那高亢的汽笛声，似乎在思考，似乎在诉说这种变化。

忆往昔，隋炀帝开凿京杭运河后，三岔河口逐渐发展成为天津最早的居民聚居地、水旱码头、漕运枢纽和商品集散地。元代张翥的诗句"晓日三岔口，连樯集万艘"，正是当年天津运河盛极一时的记录。

看今朝，南水北调工程正在延续中华民族的繁华与文明！

68

天津干线工程西起河北省保定市西黑山村南水北调总干渠，东至天津市外环河，途经保定市的徐水、容城、雄县、高碑店，廊坊市的固安、霸州、永清、安次和天津市的武清、北辰、西青等县市区。

南水北调天津干线工程全线采用暗涵输水，是南水北调中线工程唯一长度达 155 公里的有压箱涵输水线路。南水以设计 50 立方米每秒、加大 60 立方米每秒的流量进津。

天津干线工程既担负引调丹江口水库之水解决天津市缺水问题，为天津市及干线沿线国民经济可持续发展提供新的水源保障之重任，又承担沿线保定市的徐水、容城、雄县、高碑店和廊坊市的固安、霸州、永清、安次等县的供水任务。

通水至今，累计向天津供水约 200 个西湖，连续安全供水 1268 天。

为此，天津分局明措施、出亮点。

他们抓牢运行调度这一龙头，确保了运行调度安全平稳。这得益于准确执行调度指令操作，严肃值班纪律，认真开展水量计量、流量计率定工作。这得益于及时全面排查输水调度可能出现的风险源，定期开展安全教育，制定有效风险防范措施，减小突发事件概率，提升调度风险防控能力。这得益于经常性组织开展输水调度业务技能培训，不断提高调度关键岗位人员的业务水平和综合素质。这得益于不断提升分调中心和各中控室对异常情况的监控、研判和预警能力。

他们抓牢水质保护这一核心，建立健全了水质应急保障体系。已取得国家计量认证的天津分局水质实验室，对天津干线相应水质监测断面按规程进行检测。在西黑山进口闸、外环河出口闸分别设置了水质自动监测站，实时分析水质数据，有效确保水质达标。建设了西黑山拦油拦污设施及水质工作平台，为辖区水质应急处置提供了便利。每年定期开展水污染应急演练，提升水污染处置快速反应能力。

他们抓牢信息机电这一保障，全面强化了信息机电设备设施的保障能力。建立健全了严格的金结、机电、自动化系统保障体系，提升了机电设备、通信、各控制系统、网管和安防等运行管理工作，推进了设备设施的动、静态巡检和预防性试验，规范了供电线路、设备和通信设施维护工作。

他们抓牢工程管理这一基础，有序开展土建、绿化维修养护工作，通过工程巡查、安保巡查、安全监测、工程维护系统等一系列工作。在工程沿线布置了 3567 支仪器，埋设在工程的各个重要部位，就像一个个"探头"，持续为工程"体检"，"体检"结果实时分析，动态监控，为工程的平稳安全运行时刻"把脉"，遇到数据突变，自动化系统会及时通知管理人员，把安全隐患消灭在萌芽状态，有效消除地下暗涵看不见、摸不着的不利因素。

他们抓牢安全应急这一关键，确保了工程安全。对工程沿线的各类应急风险因子进行了梳理分析，完善了专项风险处置方案，每年均组织开展不同类型的应急演练。仅 2017 年一年，就组织开展水污染、消防、交通、冰冻等应急演练 22 项，提高突发事件响应、处置和综合应对能力。

他们抓牢防汛这一要务，工作纳入了天津市、河北省防汛体系，实现了通水以来的工程度汛安全、冰期输水运行平稳。

正是天津分局始终秉持"负责、务实、求精、创新"的南水北调核心价值理念，以问题为导向，抓规范、保安全，谋创新、促发展，经受住了各种困难和风险的严峻挑战，忠实地践行着创新、协调、绿色、开放、共享的发展理念。

正是他们通过艰苦的付出和拼搏，输水运行工作正在迈向运行标准化、管理规范化，打造了以运行调度为龙头、以水质为核心、以信息机电为保障、以工程管理为基础和以安全应急为关键的五位一体运行管理体系，全力以赴确保了天津市和沿线供水安全。

69

天津市南水北调中线市内配套工程运行管理也是可圈可点。

《天津市南水北调中线市内配套输配水工程修订规划》明确，南水北调市内配套工程主要包括城市输配水工程、自来水供水配套工程两部分。其中，城市输配水工程主要包括中心城区供水工程、滨海新区供水工程、王庆坨水库工程、北塘水库完善工程、引滦供水管线扩建工程、工程管理设施及自动化调度系统等；自来水供水配套工程主要包括西河原水枢纽泵站和西河原水枢纽泵站至宜兴埠泵站原水管线联通工程。目前，配套工程基本投入运行，发挥着综合效益。

南水北调市内配套工程肩负着从南水北调中线天津干线取水后将水送至各大水厂，让市民喝上甘甜的丹江水的使命。

2014年，天津市成立了南水北调调水运行管理中心、王庆坨管理处、曹庄管理处、北塘管理处。2015年11月，天津市正式组建水务集团有限公司。2017年3月，成立天津水务集团有限公司引江市区分公司和引江市南分公司。天津市南水北调配套工程运行管理机构从无到有、从有到精，保障了工程安全平稳运行。

保障了法制建设和制度建设的建立健全。他们划定了天津干线水源保护区范围，出台了配套工程管理办法，在《天津市水污染防治条例》里，明确要求实行包括引江在内的引用水水源保护区制度。会同中线建管局划定了天津市南水北调中线干线工程保护范围，向社会公布。完成了中线干线工程保护范围内界桩、警示标牌埋设工作。他们结合运行管理工作实际，陆续制定了涵盖巡视巡查、安全生产、项目日常管养维护等各个方面的19项专项管理制度，编制完善了工程抢险、安全度汛和突发事件处置等3项应急专项预案及防控制度，构建起了较为完善的运行管理制度体系，有效地指导日常运行管理工作。

保障了工程巡视巡查系统建设和完善，实现引江工程巡视巡查系统全覆盖。他们通过手机 GPS 定位系统，进一步规范巡查路线和巡查频次，实现现场问题第一时间发送管理部门、第一时间会商解决，有效保障工程运行安全。将水环境保洁常态化与日常巡查相结合，每天打捞调节池、水库漂浮物，不定期组织集中清理水环境，保证引江水质安全。

保障了工程、水质、运行和人员"四个安全"，实现了安全生产；立足"防大汛、抢大险、战高温、保供水"，确保了汛期城市供水安全；投入运行的配套工程设施设备完好率达到 98% 以上、安全输水保证率达 100%，专项维修工程合格率达到 100%。

70

天津是资源型缺水的特大城市，属重度缺水地区。引江通水前，城市生产生活主要靠引滦调水解决，农业和生态环境用水要靠天吃饭，地表水利用率接近 70%，远远超出水资源承载能力，水资源供需矛盾十分突出。无论是南水北调中线建管局天津分局，还是天津市南水北调调水运行管理中心等单位的职工，为破解天津市水资源供需矛盾、改写天津市由吃苦咸水变甘甜水的历史，付出了智慧、辛劳和汗水。

南水北调中线工程通水后，天津新增城市供水量 23 亿多立方米，基本上实现全市供水范围全覆盖，缓解天津市水资源短缺问题，有力地支撑全市经济社会发展。在引滦入津工程的基础上，天津市又拥有一个充足、稳定的外调水源，中心城区、滨海新区等经济发展核心区实现引滦、引江双水源保障，城市供水"依赖性、单一性、脆弱性"的矛盾得到有效化解，城市供水安全得到更加可靠的保障。而中心城区环境水质也明显好转，4条一级河道共 8 个监测断面全部达到或优于 V 类水，实现 100% 达标；从历史上开采量最高曾达 10 亿立方米，到地下水超采势头得到有效控制，开采量持续下降，实现了历史的飞跃。

目前，天津引江配套工程体系基本建成，为保障城市供水安全发挥着巨大作用。南水北调中线通水至今，全市 910 万市民喜饮甘甜的长江水。天津"自来水腌咸菜"的历史结束了。

南水北调中线工程通水后，不仅城市生活生产用水水源得到有效补给，而且南水由应急补水变为常态化补水，有计划地向天津市子牙河、海河等河道补水，扩大了水系循环范围，促进了水生态环境的改善。

南水北调工程补水，使天津的环境水质已得到了明显好转，中心城区 4 条一级河道 8 个监测断面全部达到或优于 V 类水，实现 100% 达标。

2015 年、2016 年两年累计压采地下水 4757 万立方米，2016 年深层地下水开采量降至 1.76 亿立方米，提前完成了《南水北调东中线一期工程受水区地下水压采总体方案》中明确的"天津 2020 年深层地下水开采量控制在 2.11 亿立方米"的目标。

北运河武清段从休闲驿站至定福庄，已经部分通航。

亲水，又成了天津人生活的一部分……

第十五章

国际大都市的治水样本

71

有的话，曾经是"绝密"，过去不好说，现在可以说了。

2014 年，南水北调中线工程通水前，北京市南水北调总设计师、市水利规划设计研究院副院长石维新，从文件柜拿出从密云水库库下打井取水的方案，是一份秘密文件。也就是说，在南水北调通水之前，这个方案是对外保密的。

石维新说："当时，我们做了应急方案，在密云水库库底打井，抽密云水库库底的水，来给北京应急。那个时候，我们已经做好最坏的打算。"

北京，像一张大饼，一圈圈扩张，二环、三环、四环、五环，现在已经扩张到六环，以后肯定还有七环、八环，甚至……可想象，保定市易县，早晚会被圈进来。城市扩张、人口剧增和气候变化，水资源供需矛盾日益尖锐，因缺水而导致的一系列问题，也渐渐凸显。

这些冷酷的数字是否让人惊心：

从 1999 年至今，北京自然降水连续偏少，平原地区地下水平均埋深下降到 24.92 米；北京周边"十库九旱""有河皆干"；被吸干了乳汁的母亲河永定河，早已无水流淌。2003 年，北京在怀柔启动第一个备用应急水源地，随后又相继启用了房山、平谷和昌平三个应急水源地。

但这还不够。

10 年来为了适应人口增长和经济快速发展需要，北京不得不加大地下水的开采量。10 年间，北京地下水的超采量累计超过 56 亿立方米，相当于抽干了 2800 个颐和园的昆明湖。

历史上北京曾经历过三次严重的水危机。

第一次水危机是发生于 1960 年、1965 年。北京多年平均降雨量为 640 毫米。1960 年 1 至 6 月份，降水仅 61 毫米，只有多年同期平均的一半。1965 年全年降水仅 377 毫米，因气候干旱，永定河上游来水减少，官厅水库水源枯竭最低水位比死水位尚低 2 米，导致城区用水紧张。国家紧急拨款 3000 万元，开掘京密引水渠，把密云水库的水直接引入城区度过危机。

第二次水危机是 1970 至 1972 年。连续 3 年平均雨量仅 508 毫米，官厅、密云两大水库来水同步减少，造成 200 多万亩作物严重减产，两大水库供水对象，由农村为主转向城市为主，农业主要依靠开采地下水。北京各单位自发组织打井抽取地下水，最终统计打机井 4 万多个，依靠大量抽取地下水度过了这次水危机。

第三次是 1980 至 1986 年。北京遭遇了连续 7 年干旱，平均年降水量仅 498 毫米，与历史上连枯最长 14 年（北京站 1857—1870 年）平均降水量 492 毫米相接近。1981 年 7 月下旬，密云、官厅两大水库蓄水仅 5.1 亿立方米，地表水资源入不敷出，地下水也大面积超采，供水形势极为严峻。为了度过这次供水危机，1981 年国务院决定：密云水库主要保北京，天津改为由滦河供水。北京市也采取了"限工、压农、保生活"的供水方针，并实施了计划用水、节约用水措施。

1972 年，那是一个需要人们记住的年份。那一年中国经历了大旱灾，母亲河黄河第一次断流。当年，联合国就"人类环境"问题发出警告：不久，水将成为一项严重的社会危机。石油危机之后的下一个危机，便是水。

人类在受到自然惩罚之后，才开始重视水危机。

72

提到北京的水，首先想到的还是密云水库，因为它是首都的重要饮用水水源地。北京居民饮用的自来水 60% 以上都来自密云水库，也就是说北京人每喝两杯水，就有一杯来自密云水库。密云水库水体质量达到国家二级标准，也是北京唯一的地表饮用水水源地。

可以说，北京有幸得密云之水而无饮水之忧。

密云水库位于北京市密云县城北 13 公里处，燕山群山丘陵之中，建成于 1960 年 9 月。密云水库库容 40 亿立方米，平均水深 30 米，是北京目前最大的也是唯一的饮用水水源供应地，也是亚洲最大的人工湖，有"燕山明珠"之称。

早在 1951 年，密云水库的规划和勘测工作就已经开始。1956 年 7 月，《海河流域水能规划要点》将修建密云水库列为治理海河的首批工程，并于 1957 年 11 月提出在第三个五年计划期间修建密云水库。1958 年 6 月 26 日，国务院总理周恩来亲临密云勘察并确定了潮、白河主坝坝址。6 月底，国务院做出了于 1958 年修建密云水库的决定。

密云水库工程按 I 等工程设计，设计洪水重现期为 1 千年，校核洪水重现期为 1 万年。

1958 年 7 月，来自河北省的密云、怀柔、平谷、延庆、蓟县、武清、抚宁、昌黎、霸县、固安、永清和北京市的顺义、通州、大兴、周口店、昌平、海淀、朝阳、丰台等 28 个县区的民工及解放军指战员，共 20 余万人在红旗招展、号声嘹亮中艰苦奋战。

1959 年 9 月，密云水库实现拦洪，1960 年 9 月竣工。

密云水库最大库容量为 43.75 亿立方米，相当于 67 个十三陵水库或 150 个昆明湖。

密云水库有两条河流入库，分别是白河和潮河，其中白河起源于河北省沽源县，经赤城县，延庆区，怀柔区，流入水库；潮河起源于河北省丰宁县，经滦平县，自古北口流入水库。

密云水库建成后，在防洪、灌溉、供应城市用水、发电及养鱼、旅游等多方面产生了巨大效益。

建库前，潮白河十年九灾，下游农田和人民生命财产的安全受到威胁。1949 年至 1959 年，发生较大洪水 8 次，淹地达 1100 多万亩次。建库后，1960 年至 1990 年，发生较大洪水 11 次，下游没有发生灾害，而且下游的 100 万亩滞洪地、河滩地变成了良田。

1961 年至 1981 年，密云水库就向北京市、天津市、河北省提供农业用水近 160 亿立方米，共计有 15 个区县的 360 多万亩农田受益。截至 1990 年，通过防洪、灌溉所取得的直接经济效益累计约达 14.4 亿元。

仅 1960 年至 1987 年，潮河、白河两座电站发电 20.58 亿千瓦时，年均 0.735 亿千瓦时，相当于设计发电量的 64%，年均发电效益达 400 万元至 500 万元。

1976 年，受唐山大地震影响，密云水库被迫弃水。

1982 年，停止向天津等地供水。

石维新说："大概是 1997 年、1998 年的时候，密云水库，一度已经降到 6 亿立方米，密云水库的死库容是 4 亿立方米，我们离死库容才剩下 2 亿立方米，如果再不解决这个问题，我们连市民生活用水都不能保障。"

"死库容"是一个水利行业的专业术语，指水库在正常情况下，允许消落到的最低水位，也称死水位。如果水库出现这种情形，不到万不得已水库的水不能利用。而恰恰，北京在内无存水、外无救"兵"的情况下，曾经也想从密云水库打井取水，解燃眉之急。

南水北调通水，密云承担首都"大水缸"的重任。

增加水的战略储备是北京高层创新思路、科学决策的体现。针对密云水库上游来水持续衰减的态势，市政府从首都水资源中长期保障的角度出发，决定沿京密引水渠修建泵站将南水调入密云水库，创造性地将南水北调中线工程终点从海淀的颐和园团城湖延伸至密云，进一步扩大南水覆盖范围，实现南水北调水和本地水的无缝衔接、灵活切换。

于是，北京实施了南水北调来水调入密云水库的调蓄工程。

这个工程大致是，充分利用现有京密引水渠，通过新建屯佃泵站、前柳林泵站、埝头泵站、兴寿泵站、李史山泵站、西台上泵站、郭家坞泵站、雁栖泵站、溪翁庄泵站共9级加压泵站和22公里PCCP输水管线，将南水北调来水反向输送至怀柔水库、密云水库，并为密怀顺水源地补水。

它要解决年内、年际丹江口水库来水与北京城市用水不均衡的问题。在丹江口水库供水不足或中线供水中断时，以足够的本地水资源保障城市供水的安全稳定。还可将部分南水存入密怀顺地下水源地，改善水源地多年来地下水水位持续下降的局面，促进水资源涵养和恢复，维系地下战略水源的健康。

北京市的用水方针是"节、喝、存、补"。这是以"节水优先、空间均衡、系统治理、两手发力"的新时期治水思想为指导，严格遵循南水北调"先节水后调水、先治污后通水、先环保后用水"的原则制定的。节，即节约用水；喝，保证市民饮水；存，即把多余的南水存起来备用；补，即向水源地补水。

2014年年底江水进京后，北京市外调水量显著增加，城区供水主力水源也由地表水、地下水置换为南水，部分水厂实现本地水、外调水双水源供水，供水安全更加有保障。2018年4月28日，密云水库蓄水量突破21

亿立方米。

这是近年的天文数字，出库量巨减、入库量增加，再加上近两年的汛期降雨、上游来水，共同保证了密云水库蓄水量稳步增加、水面不断扩大。其中南水替代密云水库向城区供水、城市河湖补水成为水库蓄水量不断增加的最主要原因。

密云水库通过渠道反向输水、长距离管道加压输水，两种复杂水利工况结合应用在国内属于首次，采用轴流泵、混流泵、离心泵多种泵型配合使用，9级泵站同时运行在国内罕有，具有联合调度要求高、泵站扬程匹配精度高、不间断运行管理难度大等特点。

密云水库调蓄工程除向沿途水库补水外，还向密怀顺应急水源地的回补。尽管市民普遍反映南水北调的水好喝，但是大多不知内部"真相"。

73

南水北调的水经过半个月的时间，流经一千余公里，最终到达北京。北京是南水北调干线工程最早建成、最早发挥效益的城市。按照国家确定的通水目标，北京历经了冀水进京、江水进京两个阶段。

2007年，北京市政府批复《北京市南水北调配套工程规划》，从而确定北京市南水北调工程建设分三个阶段实施：

第一阶段为2008年，江水进京前实施河北应急调水，完成南水北调中线干线北京段工程和配套工程自来水第九水厂、田村山水厂、自来水第三水厂、团城湖至第九水厂输水一期工程即"三厂一线"建设，具备接纳年调水4亿立方米的能力。

第二阶段为2014年，结合南水北调中线一期工程通水，建设输水工程、调蓄工程、水厂工程和智能调度管理系统等工程，累计建成输水管线200公里，新建和改造自来水厂7座，新增调蓄设施容积5000万立方米，具备接纳年调水 10.5 亿立方米能力。

第三阶段为到 2020 年，用足南水北调中线一期来水，进一步完善南水北调"喝、存、补"供水工程体系，推动京津冀区域河湖水系互联互通，每年可利用外调水 15 亿立方米。主要包括新增配套输水工程 72 公里，新增南水北调水源水厂规模 193 万立方米 / 日，新增调蓄能力 3000 万立方米，累计恢复本地水资源战略储备不低于 10 亿立方米。

面对《北京城市总体规划（2016—2035 年）》北京发展与水资源总量不足的总体形势要求，北京市在有序推进第三阶段配套工程建设任务的同时，积极开展了到 2030 年的配套工程后续规划编制，2017 年先后经市政府专题会、市委常委会审议通过。后续规划的前期工作已经启动。

2003 年年底，北京市启动南水北调工程建设，相继完成第一阶段、第二阶段的目标。2008 年 9 月，国家先期建成南水北调中线京石段应急供水工程，由此开始从河北黄壁庄、岗南、王快及安格庄水库调水入京，到 2014 年 4 月累计接收河北涞水 16.06 亿立方米。

2014 年 12 月，南水北调中线一期工程全线通水，年均从鄂、豫交界的丹江口水库向北京调水 10.5 亿立方米。截至 2018 年 6 月 4 日，累计接收丹江口水库来水 34.94 亿立方米。密云水库作为北京的大水缸，名副其实。

南水北调，成败在水质。

南水北调中线水源区及沿线地区采取了强有力的治污环保措施，中线一期工程通水后水质稳定，丹江口水库及中线总干渠水质一直保持在 II 类及以上。

北京市先后颁布实施《北京市南水北调工程保护办法》《南水北调中线干线工程（北京段）用地控制及一期工程水源保护区划定方案》，从法律层面保证进京南水安全进入千家万户，让北京市民喝上纯净甘甜、安全放心的南水。

2009 年北京市南水北调调水运行管理中心挂牌成立水环境监测室，负责京石段调水水质监测。2014 年 7 月，在原水环境监测室的基础上成立北京市南水北调水质监测中心，承担北京市南水北调来水的监测、分析和相关工作。

北京市"12345"水质监测方法，可谓亮点闪烁。

1. 即一部预案。就是对突发性污染事件专门制定的水质监测应急预案，能够有效保证快速、高效、有序地开展工作，更加有效地监测水质。

2. 即两重保险。北京市在关键节点设立了自动监测站，监测站采取常规理化指标预警监测和生物毒性预警两种监测方法，起到双重保险作用。

3. 即三道防线。2008 年京石段应急供水以来，按照北京段工程的特点，逐步形成了"京外、城外、水厂外"三道水质监测保障防线，在响应断面设置水质监测点及自动监测站，全天候不间断监测。能快速预警水质问题，能及时切断水源，启用备用水源。保证问题水不进京、不进城、不进厂。

4. 即四种手段。北京市通过实验室监测、自动监测，关键断面现地监测，再加上突发事件时的应急移动监测，四大手段密切紧盯南水水质。在北京段干线及市内配套工程形成一套"1 个实验室，15 个人工监测断面，21 个水质自动监测站"的水质监测体系。

5. 即五家联动。北京市原南水北调办、市水务局、市自来水集团、市生态环境局以及南水北调中线建管局五家单位建立沟通机制，各司其职优势互补，从源头到龙头，全方位共同保障南水北调来水水质安全。

从丹江口到家门口，从源头到龙头，北京市民喝的是安全水、放心水、优质水。

74

经过十余年的工程建设，北京市南水北调配套工程已基本建成沿西四环以及东、南、北五环建成的一条输水环路，并建设了向城市东部、西部输水的支线工程以及密云水库调蓄工程，形成"地表水、地下水、外调水"三水联调、环向输水、放射供水、高效用水的安全保障格局，为中心城及城市副中心、房山、大兴、门头沟等新城打通了新的水源输送通道。未来北京市还将逐步修建第二条输水环路，为中心城区人口、非首都功能疏解到远郊区域提供资源条件。

北京中心城区的大型水厂过去主要集中在城市北部和西部，南水北调配套工程在城市南部建成了郭公庄水厂，在东部建设了第十水厂、实施了亦庄水厂，使中心城水厂布局更加合理，进一步提高了供水安全性。在供水范围内的郊区新城，全都规划了以南水北调为水源的骨干水厂，能够进一步提高区域供水保障率，改善供水水质，让更多市民喝上了南水。

密云水库水天一色、烟波浩渺。

她在确保城市供水的基础上，还可以为昌平、顺义、怀柔、密云、平谷等新城使用南水北调来水提供条件，扩大南水北调受益范围；还可解决年内、年际丹江口水库来水与北京城市用水不均衡的问题，让密云水库在丹江口水库供水不足或中线供水中断时，以足够的本地水资源保障城市供水安全稳定；还可将部分南水存入密怀顺地下水源地，改善水源地多年来地下水位持续下降的局面，促进水资源涵养和恢复。

如那份"机密"文件所记，拟在密云水库打井的计划，终将从人们的记忆中抹去。随之而来或正在践行的"创新、协调、绿色、开放、共享"的发展理念，创新性地将北京水利工程建设与生态文明建设融为一体。

北京的工程设施外观与周边生态相融合，打造绿色工程，做到南水北调工程与城市景观协调统一，调蓄设施新增550公顷水面。在满足工程功能和安全的同时，种植绿化隔离带，保护工程安全、水源安全。抓住全市平原地区造林工程契机，将南水北调沿线建成绿色走廊。

在大宁调蓄水库，将滞洪水库改造为调蓄工程，与周边"五湖一线"

永定河生态环境共同形成了京西新的风景带；在团城湖调节池，工程融入海淀"三山五园"历史文化区，成为了景观带的一部分；在亦庄调节池，一池碧水与蓝天白云呼应，周边绿树鲜花与现代都市拥抱。

曾经，于 2014 年 2 月，习近平主席视察北京，对落实首都城市战略定位、有序疏解非首都功能、明确人口控制目标，以及深入落实京津冀协同发展作出重要指示。北京市立即科学筹划，调整市内配套工程建设项目时序，为国家战略实施夯实水资源基础。

曾经，于 2014 年 12 月，习近平主席就南水北调中线一期工程通水作出重要指示，要求"做好后续工程筹划，使之不断造福民族、造福人民"。北京市在启动第三阶段配套工程建设任务的同时，积极开展了到 2030 年前的配套工程后续规划编制。

在《北京城市总体规划（2016—2035 年）》中明确，"用足南水北调中线，开辟东线，打通西部应急通道，加强北部水源保护"，对增强水资源战略储备、增加地表水调蓄能力、加强本地水源恢复与保护、构建首都供水格局提出了具体的目标任务。

北京市逐步建设形成"四条外部水源通道、两道输水水源环线、七处战略保障水源地、分级调蓄联动共保、水系湖库互联互通"的城乡供水格局，持续提升城乡供水安全保障和改善水生态环境，进一步满足首都经济社会发展和群众对美好生活向往的需要。

在北京，"节水优先、空间均衡、系统治理、两手发力""先节水后调水、先治污后通水、先环保后用水""节、喝、存、补"用水方针，已经是一种遵循，已经是一种常态，已经是一种行动，已经是一种成果。

75

大宁水库位于北京市房山区大宁村北，京港澳高速公路杜家坎至赵辛店路段东侧，乘车路过即可看见水库水面，那块"南水北调"的牌子，那个高高的闸楼，形成了北京的又一个地标，与南部的稻田水库及马厂水库组成永定河滞洪调蓄水库。

如果把南水北调中线工程北京段比喻成一条长龙，那么，大宁水库则是这条龙的"心脏"。

2009 年，为提高北京市南水北调来水的调蓄能力，保障城市供水安全，促进西南地区发展，经市政府批准建设大宁调蓄水库工程。大宁水库容量 3753 万立方米，相当于 18 个昆明湖。水域面积 2000 多亩，成为北京城区第一大湖。

2011 年，总投资 9.48 亿元的大宁水库改造工程完工。通过防渗、修建泵站及上下游洪水导流等配套工程改造，大宁水库可平衡南水北调来水流量与本市用水量之间的差值，并承担南水北调主体工程检修和断水期间的城市安全供水任务。

2011 年 7 月，大宁水库改造工程完工后，迎来冀水进京，大宁水库开始蓄水。干涸多年的大宁水库又呈现出当年碧波荡漾，四周绿草如茵，群鸟嬉戏的景象。

南水北调，对于北京的作用，被普通百姓切切实实地感知了。

大宁水库蓄水后，成为 2013 年第九届中国（北京）国际园林博览会的一个旅游的新亮点。9 月 17 日，园博园沉浸在北京的蒙蒙细雨中。园内植被茂盛，被雨水洗过格外清新。秋花娇艳，草木芳香，沁人心脾。

永定河城市核心段有个园博湖，长 4.2 公里，占地 246 公顷，水域面积 90 公顷，是园博园内重要的水景观赏区。园博湖上接莲石湖，下接晓月湖，是贯通门头沟区门城湖、石景山区莲石湖、丰台区晓月湖和宛平湖的永定河绿色生态走廊"四湖一线"工程的重要组成部分。

这得益于南水北调工程中线京石段唯一的调蓄水库——大宁调蓄水库，它间接向湖内补充了水源。2012 年，大宁调蓄水库向"四湖一线"补水 320 多万立方米。2013 年又继续补水 400 多万立方米，为保证北京优美水环境起到重要作用。

大宁调蓄水库利用调水资源，根据来水流量和北京市的需水情况进行调蓄。在京石段供水充足时，水库将多余水量储存起来；在水源来水不足时，通过大宁调压池——京石段第一个分水枢纽，将水库的水补充到南水北调总干渠中，保证北京的用水量。

她的蓄水量，可保障北京城区安全供水 15 至 20 天。水库常年蓄水，还进一步改善永定河西部地区的环境状况，为恢复永定河沿线的生态系统，建设滨河生态休闲旅游带创造了条件。

她的蓄水能有效涵养地下水源。水通过渗透有效补充地下水，抬高原本超采的地下水位。另外，水库周边还增加了 780 亩的树林，风沙带变成了绿化带，空气质量得到明显改观。

这里，一趟趟白皮列车从水库的肩膀而过，偶有黑天鹅展翅缓缓飞上蓝天。缕缕云彩的影子，飘移到水面上。

北京，始终把生态建设放在重要位置。

在建设过程中，他们以林为体、以水为魂，通过绿化让林水相依，创新性地将水利工程建设与生态文明建设融合，让工程建设与生态建设同步，让"输水线"也成为一道"生态线"。与大宁调蓄水库毗邻的永定河、晓月湖、园博湖也得到生态补水，"卢沟晓月"得以重现，与周边的门城湖、莲石湖、晓月湖、宛平湖、园博湖和永定河的"五湖一线"绿色生态发展带共同形成了京西新的风景线。

作为管理单位，北京市南水北调大宁管理处抓住了全市平原地区造林工程的契机，在水库周边开展了平原造林工程，在库区外围栽植了 780 亩林木，进一步提升水库周边的整体生态环境及景观效果，为一库清水构建了一道绿色屏障。同时，重新铺设了环库道路。库区生态环境得到进一步提升，吸引了众多市民前来游玩。

他们还构建了一个集电子技防系统、人工安保巡查队伍、7.84公里全封闭围网于一体的安全管理系统，通过对水面的定期清洁、放养净水鱼苗等措施，有效保护了库区水质水环境安全。大宁调蓄水库水质常年保持在地表水Ⅱ类及以上标准，成为城市中一块天然的"绿肺"。

2015年，"创新、协调、绿色、开放、共享"的绿风，在这里徐徐吹拂。

大宁调蓄水库增加水资源战略储备。通过日常向大宁调蓄水库蓄水，增加水资源战略储备，进一步保障首都水安全。

她保障了城市供水。当南水北调来水与本地用水流量不匹配、工程故障或检修时，大宁调蓄水库可向城区供水，基本可以满足城区15天的供水量。在东水西调改造期间，通过永定河循环管线向城子水厂补水，保障了门头沟地区的日常用水。

她提升了生态环境，改善周边环境。库区200余公顷的生态水面形成天然"绿肺"。通过永定河循环管线向宛平湖、晓月湖、园博湖补水。通过大宁调蓄水库库区平原造林工程造林，增加城市景观用水。

她减缓了地下水水位下降，改善了城市安全运行条件。随着江水进京，北京地下水开采量逐步减少，平原区地下水位由2014年前的年均下降约1.0米变为止降回升。

真的，北京南水北调工程，不仅给北京市民送来了甘霖，更增加了北京市的亮丽风景。

76

团城湖，在颐和园昆明湖西侧，泛称"西南湖"。乾隆年间，湖心岛上建了"治镜阁"，为圆形城堡式建筑，俗称"圆城"，那里的水域被称为"圆城湖"，后来"圆城"传成了"团城"，"圆城湖"也被称为"团城湖"。到了这里，四处张望，却不见"治镜阁"的影子，原来此"团城湖"非彼"团城湖"。

这里叫"团城湖调节池"。

团城湖调节池是在团城湖南侧，就是颐和园南墙外开挖的一处湖泊。她是南水北调中线干线工程的终点，长江水经过千里奔波，在这里落脚。她的作用不可小觑，连接了密云水库和长江水两大水源，联合调蓄北京市的供水用水，称之京城"大水缸"。

从设计，到施工，再到通水运行，我曾多次来这里采访，竟然没有完全明白此"团城湖"和彼"团城湖"的关系。那些远道而来的参观者，更是泾渭难分，就是北京市居民，也未必清楚。

果然，门口聚了一群参观者，或男或女，或老或少，或打遮阳伞，或穿防晒衣，或端照相机，或举自拍杆。初夏的阳光下，露出一张张顾盼的脸。他们从南方来，与江水一道而来，等讲解员介绍面前瑰丽景观的传奇。

漫步纪念广场，矗立"思源碑"前，一系列疑问涌上心头。为什么种下那片挺拔的银杏林；为什么北京段80余里暗渠却留出一段明渠；为什么丹水池的中心水池面积为95平方米，外围水池面积却是130平方米；为什么从丹水池到甘露台中心距离是127.6米……

跟在参观者后，听讲解员娓娓道来，期待解开心中的疑问。

那片银杏林，横成排、竖成行。叶子在阳光下闪烁着宝石般蓝光，黑黢的树皮露出一种朴实，笔直的树干坚挺、执着。原来，她叫"守望林"，132棵银杏树寓意"百年树木，守护百年工程"，也代表工程建设者们对工程的守护与希望。

所有参观者崇敬的目光，都随银杏树直上蓝天，他们要仰望一个现实版的中国故事。

南水北调工程是世界上最大的调水工程，经过了半个世纪的论证和十余年的建设，无数人付出了心血、汗水甚至生命。一位老工程师，临终前久久不肯瞑目。有人说，他放不下老伴；有人说，他放不下儿女；也有人说，他放不下几十年的研究成果……他最后说了一句话：我没有看到南水北调工程通水。

仿佛，他的魂融进了银杏树的血液中，才使这一排排银杏树站成挺拔的姿态！

走过银杏林，来到思源碑前，"饮水思源"几个大字格外耀眼。南水北调建设过程中，几代移民老乡，几度搬迁，告别故土，远走他乡。河南省淅川县一位80多岁的老太太，被人搀着下了炕、扶上搬迁的车辆。记者问她，愿不愿意搬呀。她说，要搬要搬，北方渴呀！所有在场的人都哭了。

她的声音永远铭刻在这块碑上！

参观者纷纷在碑前留影。他们感动着这个国家成功实施伟大工程之后的感动，他们自豪着南水北调建设者的自豪，他们甜蜜着甘霖汩汩润泽心田的甜蜜。他们，希望这里的瞬间，成为永恒。

碑前的丹水池，池水高清，连鸡蛋大小的鹅卵石纹路都看得一清二楚。池面平如镜，四周有水均匀落下，进入循环的池子。原来，中心水池面积为95平方米，代表中线工程每年向北方调水95亿立方米；外围水池面积是130平方米，代表中线工程远期每年向北方调水130亿立方米。

再往前，南水北调中线工程变成一个浓缩的铜质浮雕，匍匐在地上。讲解员给她起了个好听的名字，叫"地上天河"，把南水北调中线重要工程的名称和主要供水城市连接起来。从湖北省和河南省交界处的丹江口水库引水，经河南、过河北，入北京和天津。

原来，从丹水池到甘露台距离127.6米，寓意南水北调中线工程全程1276公里。参观者神秘地问，丹水来到北京，要走多长时间？讲解员告诉说，一滴水要走15天的时间。

一段明渠，可见清水静流、绿波漾漾、涟漪摇曳。我很佩服设计师的别出心裁，为保证引水安全和节约稀有的土地，在国际大都市全部采用暗渠通水，只留下这段明渠。如果没有这段明渠，北京市民就不会在境内看到长江水，参观者也不会欣赏到轻音乐般的独特风景。

和参观者站在甘露台，望着长水流入"蝙蝠状"的调节池。

曾听设计师介绍，颐和园里的团城湖是个寿桃的形状，把团城湖调节池设计成蝙蝠的形状，寓意"福寿双全"。调节池的作用当是送福送寿，一部分水通过京密引水渠提到密云水库作为战略储存用水，另有一部分送到千家万户，或用于景观用水和回补地下水。

讲解员说，团城湖调节池的调蓄量，相当于三个团城湖的调蓄量，以后将逐步替代团城湖，进行水量的调节和分配，恢复团城湖作为文化遗产的景观功能。团城湖调节池既是水利工程，也是一件艺术作品。

一泓蝙蝠状水面，四周绿地连片、山峦蜿蜒，能看到佛香阁，能看到玉泉山。湖中崛起3个小岛，不仅是一道景观，更是起死回生的神器。水进入湖中，如果不流动，就会变成死水，而三个小岛会将水扰动，让水永远活起来。

人类，总是奇迹般创造奇迹！

讲解员说，团城湖调节池将逐步替代团城湖。

颐和园团城湖是北京城的水源地，20世纪60年代京密引水渠建成后，将密云水库的水引入团城湖，然后分流到城区，日供水量占全市城区日供水量的半数以上，北京城区65%的居民都在饮用团城湖的水。如今，团城湖调节池的作用更为明显。

正是如此，团城湖确实不应该是彼团城湖。团城湖调节池泛叫"团城湖"，容易与原来团城湖混淆，更不能涵盖她的现实意义。她不再是皇家园林，而是北京市乃至更多百姓眼中的风景；她不仅是一个大水缸，而是容纳了几代人智慧、汗水甚至生命的天池；她不仅是传统意义上的一处水利工程，而是新时代的亮丽符号。

　　她，是一个国家、一项制度、一种精神、一波智慧的聚居地，也是这个国家、这项制度、这种精神、这波智慧的出发点！

　　若改"团城湖调节池"为"丹泉湖"，不是更好吗？丹，代表甘霖从丹江口水库徐徐而来；泉，寓意此湖位于玉泉山下。丹泉与湖连在一起，一个多么美、多么甜的名字呀？！

第十六章

移民的新时代

77

河南省新郑市新蛮子营村位于双洎（jì）河畔。

双洎河，是一条有着凄美传说的河流。

上古时期，姑娘溱（zhēn）和小伙洧（wěi）相爱了。春天，溱和洧来到田野里踏青，你追我赶，扑蝴蝶、吹柳哨，玩得十分开心。溱还把一束兰花送给她的情哥哥洧，洧又摘了一束芍药花送给情妹妹溱。

《诗经·郑风·溱洧》云："溱与洧，方涣涣兮。士与女，方秉蕑兮。女曰'观乎？'士曰'既且。''且往观乎！'洧之外，洵訏且乐。维士与女，伊其相谑，赠之以芍药……"

溱和洧相爱，遭到富豪溱家阻止。溱和洧已经海誓山盟："我们二人永不分离，就是化成水，也要奔向东海汇聚。"

在嵩山顶，溱唱："我想哥哥泪花流，千山万水难舍丢。一腔心愿化雨水，直奔东海不回头。"洧唱："我把妹妹比凤凰，心善貌美动心房。双双牵手西天去，就是做鬼也风光。"溱和洧紧紧拥抱，泪水喷涌，手牵着手，跳下悬崖。

嵩山脚下，出现两股激流，向东流去，流到新郑的大隗镇，两股激流合为一股，进入扶沟古河到颍水，而后东去大海。

传说，两股激流就是他们泪水所变，一个叫溱水，一个叫洧水。合流后的河曾叫双泪河，以后觉得此名不雅，又在"目"字上加上一撇，成为双洰河。"洰"是到达的意思，"双洰"，也就是双双到达的意思。

2011 年，河南省淅川县蛮子营村移民迁至新郑市梨河镇，叫新蛮子营村。

双洰河给他们带来新机遇。

他们搬迁到新郑市梨河镇之后，也曾为当地准备了两块土地艰难选择。一块临河，一块不临河，选哪块村民意见不一。在老家的时候，因为村里的部分土地临河，汛期常常冲毁大田的庄稼，村民心有余悸。

"我们选择临河的土地！"这种声音占了上风。

"现在看来，我们选对了。"新蛮子营村移民得意地说。

新郑市投资几十亿元，高标准打造双洰河，岸边硬化、绿化、美化。按照规划，双洰河提升工程完成后，将形成一片美丽的河景图。这与新蛮子营村发展的乡村旅游正好契合，围绕双洰河大有文章可做。

时光匆匆，却成效显现。几年间，村里稳定民心，引入产业、组织就业谋求发展，打造旅游壮大经济，新蛮子营村不但在新郑双洰河畔扎下了根，还日益枝繁叶茂，成了附近移民村中的示范村。

搬迁，面临太多的变化。

生活怎么稳定？生产如何开展？利益怎么分配？移民的出路在哪儿？一时间，村民人心纷乱。搬迁不仅仅是简单地挪个地方，还牵涉生活观念、风俗习惯、生产方式、文化内容等方面的改变和适应，思想和情感的融入。

就业和发展成为问题的关键。

新蛮子营村决定把就业作为移民稳定发展的突破口，积极联系新郑市移民局，由该市人事部门牵头，组织郑州富士康、东风日产等大型企业到新蛮子营村现场招聘。一大批年轻人当场被录用。他们不再到遥远的外地打工，在家门口就实现了就业，把情感融入新家。那些老龄村民，在附近的商店、超市找到了工作。

移民个人收入增加了，集体经济也日益壮大。

"暂时稳定不代表长久稳定。想要长久稳定，真正融入当地，让附近的村子都看得起，还是要靠发展，让新蛮子营村富民强村，做出一番业绩。"新蛮子营村的班子成员形成共识。

新蛮子营村确立了"以土地流转为载体，以公司经营为主导，全力打造集采摘、餐饮、度假、颐养、商贸于一体的生态农业观光园，快速提升村民收入"的发展思路。他们将村里的千余亩土地流转给一个农业公司，主要发展温室大棚，部分工作岗位由村民承担。

通过土地流转，集中经营，让村民们除了有打工工资之外，每年每亩地还有千余元的分红收益。

壮大集体经济，惠及全体村民成为新蛮子营村的一大亮点。通过几年的发展，新蛮子营村成为较快发展的"明星村"。

"环境变了，不能再抱着老观念了。"新蛮子营村移民感慨。

双泊河静静流淌，在新蛮子营村拐了个弯。湾头河面宽阔，风景独特。

"当初挑选这块土地的时候就看中了地理位置。从这个地方顺流而下，几里路就到了新郑市区。另外，双泊河的景色也为我们打造乡村旅游锦上添花。"当初选择临河地块的移民颇有先见之明地说。

河边，观景台喜迎四方来客；岸上，步道欢送八方嘉宾。不远处，生态智能餐厅前，喷泉喷涌、草坪吐绿。

新蛮子营村除流转土地之外，还将剩余的几百亩土地，作为移民后期扶持项目建设用地，规划了农业主题公园、科普馆、沿河旅游观光带和商贸区。这些项目全部落地后，将形成环环相扣的乡村旅游体系。这是一项造福子孙后代的事业。

随着南水北调干渠生态补水，清水汇入双洎河，为新蛮子营村送去幸福之源。

78

天色已晚，一盏盏路灯亮了起来。村广场门口的一块巨石上，"马湾新村"四个字清晰可见。广场四周，由救护车、体检车、医生护士组成多个移动医疗站，村民前来检查身体，人头攒动，人影晃动。

郏县组织乡镇卫生院送医下乡活动正在进行。

郏县白庙乡马湾新村是南水北调中线工程移民安置村。2011 年，河南淅川县盛湾镇马湾村的 388 户 1670 名移民群众，整建制搬迁至此，原来的"马湾村"现在叫"马湾新村"。

马湾新村的医疗卫生事业告别了过去的"乡村郎中"或"赤脚医生"时代，已经走上了现代互联的康庄大道。

村卫生室是按照全县统一规划、统一图纸、统一标准，于 2010 年建成并投入使用的标准化村卫生室，目前共有乡村医生 3 人，主要承担全村群众的基本医疗和基本公共卫生服务。

丹江口库区移民群众，迁入郏县马湾新村后，依托强村富民政策，吃苦耐劳，勤劳实干，安居乐业，已完全融入郏县这个和谐的大家庭，有的还与郏县当地群众通婚。马湾新村是省级生态村、河南省丹江口库区移民搬迁安置先进单位。

村卫生室配备了便携式家庭医生签约一体机，村医可以登录自己的账号，然后可以通过刷身份证，完成后续签约，在完成签约后，通过这些设备为签约群众做健康信息采集。他们把这叫做"家庭医生签约服务"。

　　一辆辆白色健康体检车上，配备有全自动生化分析仪、B超、心电图机等设备，可以开展多项健康体检服务，各乡镇的健康体检车每天早上深入到村为群众开展健康体检服务，打通了服务群众"最后一公里"，让老百姓不出村就能享受到全方位、高质量的健康体检服务，同时体检结果可直接上传到智能分级诊疗平台，并将体检结果推送到老百姓的手机上，每台车每天可以体检几十名群众。

　　这样的健康体检车，每个乡镇卫生院只有一台。

　　村民因病到村卫生室就诊，村医遇到自己拿不准或者村民有需要时，就可以通过远程问诊系统直接与县、乡两级医院相应科室的专科医生进行实时在线问诊，由专科医生给予用药指导或治疗方案；如果遇到病情较为复杂的情况，还可以申请市级医院的专家来进行四方会诊，实现了远程问诊和远程会诊服务，在家门口看病，少花钱、少跑路。

　　远程心电图检查更是非常实用的内容。

　　心电图检查，是冠心病早发现、早治疗的有效途径，检查很容易，然而要作出正确的判断就很难，这需要专业的医务人员。然而乡镇卫生院这方面的人才很少，村医就更少了，为此他们利用县中医院在心电诊断方面的优势资源，建设了远程心电诊断中心，乡村两级只需做检查，检查单通过网络实时传输，5分钟内诊断中心就会出具报告单。诊断数据如有异常，诊断中心会立即电话通知乡村两级的医生，给出治疗方案，最大限度地帮助患者得到及时的治疗。

　　在马湾新村，不仅出乎意料看到他们医疗设施的先进，也深深感受到村民打造生态旅游产业的活力。

　　2017年年底，马湾新村被河南省移民办批准为生态旅游试点示范村。

　　马湾村先后组织党员群众去西安袁家村、马嵬驿等旅游村落进行考察调研，学习先进经验做法，开拓思路，建起了"民宿""农家乐"等设施，吸引更多的城里人"乡村旅游"。同年天然气进村入户，村里群众乱堆的木材、杂草至此将退出马湾村用燃料的历史舞台。村里制定了村民公约，村民文明程度普遍提高。

马湾村搬迁至马湾新村已经六个年头，人生理念、精神状态、生活和生产方式发生了很大变化。南水北调千秋功业初步告成，真心希望这些为国家工程做出巨大牺牲的移民老乡，今后的日子越来越好，他们的新家园越来越美丽！

的确，马湾新村正向这个美好的目标迈进。

79

走进马湾新村丹江情生态园，就像走进了美丽的园林。绿树郁郁葱葱、果子硕果累累，小路曲径通幽，鸟雀林间鸣唱，鸭鹅湖中嬉戏，长廊深深、拱桥弯弯……

丹江情生态园占地百余亩，投资上千万元，集休闲、餐饮、住宿于一体。

这里已成为新人婚纱照的拍摄基地，身着婚纱的帅男靓女，在镜头前秀恩爱。驱车赶来的城里人，携家带口、挽臂拦腰，感受丹江湖风情。"丹江鱼宴"特色农家饭店，笑声朗朗、香气四溢。

向东，是两个园区，一曰"绿丰润盛果蔬园"，一曰"中信农业科技高效农业采摘园"。园内，或一溜白色大棚，掀开门帘可见葡萄和草莓等果蔬，葡萄藤上挂着一串串紫红的葡萄；或栽种着桃、杏、石榴、李子等多种果树，有的开花，五颜六色。有的结果，压弯枝头。还有一个光伏长廊和光伏停车场。

神奇的是，这两个园区都是为扶持移民村发展，在中原证券交易所新四板上市或即将上市的公司。或者说，移民的企业也上市了。

2010年，丹江口库区移民搬迁，坚持"三靠近"原则，使居民点尽量靠近主要道路、城集镇和产业集聚区，使距离郏县产业集聚区不足一公里的马湾新村获得"先机"。

当时，在移民村规划选址时，郏县就明确要求，要按照"三靠近"原则安置移民。要尽最大努力，关心和帮助移民，支持移民村上项目发展经济。几年间，郏县说到做到。

他们是如何实现"搬得出、稳得住、能发展、可致富"的目标？

马湾新村选拔村里有知识的青年到高级技工学校培训，使这些青年成为当地企业的技术骨干；有关企业到马湾村举办移民就业招聘会，使部分移民在产业集聚区内的企业就业；主动帮助移民在超市、宾馆、餐馆等服务业、物业和建筑行业寻找岗位，使全村大部分劳力在服务业或建筑业就业，有了相对稳定的收入。

在马湾新村，大部分移民群众转移就业后，全村的土地进行集中流转，引进投资商发展高效观光农业和花卉苗木种植业。土地流转本身获得租金收入，少数村民在园区务工，使村民还可获得工资收入，等于上了"双保险"。

村集体收入也有了明显增加。

在省、市移民部门的支持下，马湾新村在河南全省移民村中第一个建成了350千瓦移民屋顶光伏发电项目，移民出租屋顶就能赚钱。村部、村小学楼顶建设的光伏发电项目收益归村集体。马湾新村还建设了集体经济车间，引进了汽车发动机壳铸造分厂，使村里每年都有租金收益入账。

具体数字是，2017年移民人均收入超过1.3万元，比在淅川老家时翻了一番。村集体收入也从原来的几乎为零增长到八九十万元。

村里有了钱，就能给村民办很多实事。

村集体每年为每户补贴天然气使用费200元；在缴纳2018年度新型农村合作医疗费用时，村集体为每名村民补贴80元；生活用水一律免费。

马湾新村多项工作走在了全省移民村的前列，不但被省有关部门授予省级生态村称号，还被省旅游局、省移民办定为河南省移民乡村旅游试点村。这离不开各级政府对移民的扶持，更重要的是移民群众自强不息、顽强拼搏的精神变成了"物质财富"。

像河南这样，湖北亦可圈可点。

80

留村创业，成为移民新村一道靓丽风景。

湖北省武汉市黄陂区新博村的陈健锋，是其中之一。

2010年7月，陈健锋从丹江口库区搬迁到武汉市黄陂区新博村，2011年就去了深圳打工。2012年9月，武汉市组织移民技能免费培训，陈健锋报名参加了短期厨师培训。2013年7月，他在新博村开了自己第一家餐馆。

然而，万事开头难，创业之路并非一帆风顺。

到了年底，陈健锋把账本一总，发现不仅本金都亏完了，还欠两万元债。"花钱买教训"，陈健锋终于明白，这是经营理念陈旧、管理手段单一所造成的。这时，武汉市组织移民培训，他又报了名。这次培训是在丹江口库区学习参观，陈健锋走访了当地几家火爆的餐馆，取到了真经。

也正是这次培训后，陈健锋开始着手改变经营策略。他将家里的地全种上蔬菜，不施农药、不上化肥，"纯绿色的"；他垒起小土灶，让客人自己采摘、自己炒菜。2015年冬，生意火的时候，客人要排队等位，日均营业额有五六千元。

尝到甜头的陈健锋，又一鼓作气，先后开了4家饭店。

2017年底，陈健锋几个店的营业额达600多万元，利润近200万元，还吸纳了十多名移民就业。

武汉市组织的移民培训，也从职业技能培训转向高级技能培训，更偏重于管理。陈健锋每年至少要参加一次培训，不但学到了知识，还开阔了视野，增长了见识，广交了朋友。

陈健锋致富不忘同乡，邀请黄瑞峰也参加了几次培训。

黄瑞峰参加的是省、市移民部门举办的创业电商培训班，他通过种植银杏和枇杷树苗，以电商形式出售苗木，成为小有名气的"苗木大王"，5 年间已经售出的苗木几百株，收入几百万元，所种植的 500 亩苗木，目前市值高达数千万元。

黄瑞峰在自己创业成功的同时，又积极带领移民共同致富，增加了移民的收入。

湖北省各地移民机构集中培训或自主培训移民，以引进企业推进移民就业为目的，在促进移民村集体收入增长的同时也促进了年轻移民的回归。现在村里参加培训的年轻人占村青年总数的 60% -70%，留在村里的年轻人越来越多了。

近年数字显示，2017 年湖北全年安排培训资金 5000 万元，完成各类移民培训 53474 人，建成并运行电商平台 451 个。2018 年，实施移民培训 3 万人次。

"两锋"从培训中受益，而白龙泉新村的周义等人，感恩政府给他们搭建了创业平台。

2010 年 10 月，天门市多宝镇接收安置丹江口库区移民万余人，组建了 8 个移民新村，成为湖北省最大的移民镇。和其他移民一样，由于生产生活方式的不同，部分移民群众不适应新居的生活，找不到发展的路子。

在上级部门的支持下，多宝镇筹建了"多宝移民创业园"。创业园占地 20 亩，总投资 6000 万元。针对年轻移民的创业就业需求，创业园设置了科研楼、孵化器。多宝镇自豪地称之"多宝镇的中关村"。

"80 后"周义，白龙泉新村移民，带领他的特种食用菌种植产业入驻园内。周义说："为鼓励移民创业，创业园前 3 年的租金实行优惠，镇政府还通过雇佣移民来减免企业税收。"

除了周义的特种食用菌种植项目，还有谭远军的黄酒酿造项目，生产、加工开发传统食品和土特产品的湖北耀兴农业食品开发有限公司项目，进行农产品深加工的福邦食品产业园项目和天门照海食品科技有限公司碳酸钙食品添加剂项目。

镇政府相关负责人说："我们计划以移民创业园为平台，一方面大力支持年轻移民自主创业，把园区打造成移民创业、就业、电商及促进农业技术转化的综合性平台，发挥孵化园作用。另一方面围绕农产品深加工和农产品包装、机械、物流、电商等方向进行招商，鼓励落户企业优先招聘移民，促进移民就业。"

在湖北，各地因势利导，积极扶持移民们自身创业。

湖北省移民管理部门的数字显示，2017 年全省共流转移民土地 5 万多亩，扶持移民龙头企业 25 个、移民专业合作社 53 个、移民致富带头人112 人、"一村一品"支柱产业 52 个，重点移民村经济实力和移民群众收入水平得到较大提升。

项目是吸引年轻移民回乡务工的主力，创业园是吸引越来越多的移民回乡创业的平台。

近年，随着城镇化进程加快，农村青壮年劳动力大量转移到城镇，农村只剩下留守儿童和年迈老人，南水北调移民村也不例外。而湖北一些移民村，有近一半的年轻人都选择留在村里发展。

是什么吸引这些青年移民返乡创业？又是什么使他们给予这片乡土更多的热望？陈健锋的一席话或代表了南水北调移民新村青年的心声：这里是我们的故乡。我们要把她建成美丽家园！

81

2016 年汛期，百年不遇的大洪水肆虐而至，黄湖移民新区一片汪洋。

这是南水北调中线工程中面积最大、人数最多的移民安置点，874 户 3700 多名村民全部从丹江口库区远徙而来。

他们的名字叫"南水北调移民"。

村民从未经历过这么大的洪水，纷纷担心今后居住的家园安危。

移民为南水北调作出重大牺牲，决不能让他们受委屈。

为了还移民们一个美丽家园，有关部门迅速安排住建部门修缮房屋，进行安全鉴定，安排卫生防疫人员进行消毒。县里组织施工队免费把新区所有居民楼外墙、地板重新刷过漆。

黄色小楼，在阳光下熠熠生辉。

洪水过后，黄湖移民新区又恢复了往日的宁静。干净整洁的道路旁，一栋栋小楼重放光彩，广场上，老人们在健身，孩子们在嬉戏玩耍。

"政府这么关心我们移民，大家伙都放心了。"村民说。

他们说的是真心话！

搬迁前，他们在家里养猪，在山上种橘，还在河滩地上种庄稼，一年能挣一两万元。移民到了黄湖新村，这里实行城镇化管理，不许饲养牲畜，又不擅长种水稻，产量低不挣钱，一度出现了田地抛荒的情况。

搬迁后，政府为移民新建了欧式小洋楼，有序分布在四横三纵的街道上，集贸市场、小学、老年活动中心和汽车客运站等基础设施一应俱全，成为地道的城市社区。社区虽好，但与移民原来的山村环境差别巨大。房前屋后无山无林，原来种果树养牛羊的生计都没了，靠什么养家？

"搬得出、稳得住、能发展、可致富"一直是移民工作的原则和目标。

他们刚到黄湖新村，有关部门就牵线搭桥，与武汉吴总共建团香田园综合体。武汉的吴总注资成立团香集团，流转黄湖新村 6500 亩土地，开发精细农业、创意农业。黄湖新村出租土地，还有 200 多名中老年移民就近打工，在团香田园综合体从事生产管理、园区清洁等工作。

团香集团的技术员手把手教新村移民种水稻，而且种的是彩色稻田。

种植前，先请技术员设计图案，按照十字绣的方法，在田块插竿牵线，绣出图案轮廓。轮廓内，手插紫色或黄色秧苗；轮廓外；机播绿色秧苗。一幅绿底或紫或黄的图案，变成彩色稻田。彩色稻田成为这里一道吸引游客的风景。

王元衡除了打工每月工资 2000 多元，加上自家 6 亩土地 3000 元的土地流转费，一年有 3 万元的收入。"过去种谷卖粮，现在'种'风景卖门票。"王元衡脸上挂上了微笑。

除了王元衡这些人，更多人走出社区，变成了上班族。

黄湖新村距团风县经济开发区不远，这里钢构企业需要大量劳动力，县镇两级政府通过技能培训，帮助近千名青壮年移民找到工作。他们一个月收入四五千元，骑摩托车上班只需十几分钟，晚上可以回来照顾家里。

移民张先刚在鸿路钢构公司上班，上班下班成为他的常态。

在黄湖新村嘉恒服装厂，生产场景一派火热。家门口上班，挣钱守家两不误。40 岁的李昌荣培训合格后，在这里缝制防静电服，每月 3000 元工资。

像嘉恒这样，黄湖新村引进了 3 家类似企业；如李昌荣，100 多名妇女在这里就业。

截至本文定稿时，黄湖新村又有千余移民变成"上班族"，平均每户移民家庭有一人以上在家门口就业。

除了王元衡、张先刚等人打工、上班，刘军、王浦利等移民选择了自己创业。

在广东打工的刘军回到村里，把家里的房子拾掇装修成农家乐，一年收入达到 10 万元。近日，黄湖新村争取到上级帮扶资金 800 万元，准备与企业共建 20 个农事体验区，游客来了可赏可玩。村里未来重点发展观光农业，引导移民向第三产业转移，让更多人在家门口"生财有道"。如刘军这样的农家乐，已发展到六家之多。

移民王浦利夫妇瞄准商机在村里开了副食店；

移民刘金华参加村里办的种养培训班，学会种蘑菇；移民郭清个人投资兴建客运物流服务站，为电商下乡打通"最后一公里"……

截至本文定稿时，黄湖新村农民年人均纯收入由迁移前的 2010 年不足4000 元增加到 8000 余元，60% 的家庭买了小汽车，村集体收入过 20 万元。

移民的日子一定会更好，已经不是"神话"！

82

湖北省移民局资料显示，2018 年，湖北省移民系统将建设 100 个移民美丽家园示范村，每个村培育一个支柱产业，使移民人均纯收入增长 10%以上。

帮助移民建设美丽家园，一直是各级政府的"重头戏"。

时间，记录了武汉市有关部门的诸多努力：

2017 年 3 月，武汉市提出积极推进"三乡工程"，即组织实施市民下乡、能人回乡、企业兴乡规划，武汉市 19 个南水北调外迁移民安置点要全部实施"三乡工程"。

2017 年 4 月，武汉市移民局与浙江大学联合举办了武汉移民产业发展与美丽家园建设专题培训。

2017 年 5 月，武汉黄陂区新博村和已经入驻村里的武汉中天东恒公司商议美丽家园建设具体事宜……

早在 2016 年，武汉中天东恒公司就开始筹划做田园农旅项目了。公司在新博村及周边的村有苗木培育基地、养鱼场、水库，筹划打造一个养殖与观光旅游一体化的休闲景点。他以"三乡工程"为契机，他们准备把规划做大。具体内容是，以新博村为基础，联合周围的方湾、朱冲、张岗、金竹 4 个非移民村做一个整体布局……

新时代、新目标、新思路、新举措。

在"三乡工程"的基础上，武汉市引入共享理念，探索"三乡工程"建设主体与村集体、村民合作改建农房，建设共享农庄，形成共建共享的机制。"共享农庄"鼓励村集体经济组织与社会资本、大企业成立平台公司，进行整村综合开发或对现有农房进行改造升级。利用村庄整治、迁村腾地、宅基地整理等节约腾退的农村集体建设用地，改造或者新建租赁住房，实行统一规划、统一建设、统一生产经营，建设休闲旅游、居家养老、文化创意、农业科技、农村电商、农家乐等第三产业，打造美丽小镇、美丽村庄、美丽庭院。

股份制管理的理念，也随着公司一起进驻移民村。天门市多宝镇白龙泉新村，距离兴隆水利枢纽不远。受天门市连续两年举办沙滩旅游文化节活动影响，村里多套民宿组成的白龙泉乡墅客栈游客爆满。客栈由湖北兴宝旅游发展有限公司统一租赁、统一装修出租。该公司正是由村企合作成立。

移民美丽家园，正步步走来……

第二部

二龙际会
——东线随笔

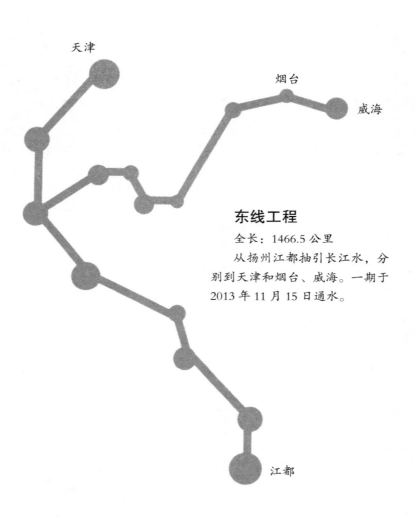

天津

烟台

威海

东线工程

全长：1466.5 公里

从扬州江都抽引长江水，分别到天津和烟台、威海。一期于 2013 年 11 月 15 日通水。

江都

第一章

从扬州出发

1

烟花三月，再下扬州，又下榻江都泵站宾馆。

黎明即起，约他同行，只为再睹源头石碑。2013 年南水北调东线工程通水时，我曾抄录石碑上的文字，写入纪实文学《圆梦南水北调》一书中。北京人民广播电台联播时，其声如洪钟由近而远，其势似波涛滚滚而来，更有文字内容使人难忘。

迩岁，南水北调三线筹划就绪，引江济淮之东线先启扩容，江都龙首，再露峥嵘。会期滔滔江水，逾黄淮而穿泰岱，济海河直达京津，泽润齐鲁，碧染幽燕，其膏民济世之功，可与日月同辉也。

天色渐明，世界如初。

清新的风夹着江水的味，嘶嘶渗入鼓胀的胸腔。晨练的人不时高喊一声，像要呼出五脏六腑的污秽。鸟儿却熟视无人，飞来翔往，欢快地叫。各种花，默默绽放，花香入鼻。垂柳曼舞，江水如蓝。江中渐渐升起红红的、圆圆的太阳。

一抹阳光散在石碑上。

伫立、凝思，与石碑合影是一种神圣的事。

重温碑文，如见到人与水的纠结。他竟然朗读起来：

江苏，拥吴楚而连中原，濒东海而纳大川，江淮沂沭泗贯东西，古大运河穿南北，南蕴太湖一明珠，北怀洪泽数镜泊。然低处不胜寒。多有洪水骤汇之险危，常遇暖冷气流交碰之变机，潜存海陆相风暴潮之威逼。大洪年份，江淮并涨，风暴肆虐，海潮顶托，水天一色；大旱时节，河湖干涸，赤地千里，淮北尤甚。故而，一江两地，差莫大焉。

碑文内容令我震撼！

中华民族的历史就是一部治水史，在江苏江都泵站又得到印证。他继续朗读：

乾坤得定，水利大兴，领袖又指点江山，绘制南水北调宏图，江苏勇著先鞭。依滨江之势，于江都铸引源三站；承运河之基，拓输水北上通道；倚洪泽诸湖，蓄贮降引之源；选沿途节点，打造多级翻水控制。次第又工成四站，配套涵闸船闸十三。工程始于一九六一年，竣于一九七七年。其间，遇三年自然灾害，遭十载"文革"浩劫，而江淮儿女，矢志不渝，气吞山河，拓进不息，终成降龙伏虎之鼎器。又经治淮治太修复加固，枢纽完善矣。

正如碑文所记，观江都枢纽系统，引长江，连淮河，串湖泊，衔五百流量之江水，攀四十米之高程，越五百公里之坎坷，达淮北千万顷之渴沃，并吞吐淮河里下河之潦涝入江。从此，淮北旱涝无虞。流泉鸣处，陇亩平添锦绣，粮仓涌立；碧波荡时，街衢插翅腾飞，万象更新。此则江都水利枢纽工程之为也，其效其益，难述备矣。

如今，滔滔江水，泽润江苏，碧染齐鲁。

他悄悄告诉我，这块石碑就是"龙头"，且是两个"龙头"。我问，怎样一块石头变成了两个龙头？他说，一头属当今的旷世工程南水北调，一头属两千多年前始建的京杭运河。两条龙相会，从此出发去北方。

我深感他的比喻准确、恰当，你说呢？

2

扬州因"州界多水，水扬波"而名。

到了扬州，可以不去看个园，可以不看大明寺，可以不去看文昌阁，可以不去看扬州八怪纪念馆等景点，但是一定要参观古运河。他再三推荐，从历史的角度说，没有古运河就没有扬州古城；古运河的兴衰史，就是扬州古城的兴衰史。

他说，世界上最早的运河是邗沟；世界上最早也是中国唯一的与古运河同龄的"运河城"是扬州；开凿运河第一人是吴王夫差。我曾经想象，扬州的古运河该是一个老态龙钟的人。不过，对他的"最早""唯一""第一"之类的话，我有些许争议。

在我读地理历史学家史念海所著《中国的运河》一书中，史念海明确写到，最早开凿运河的不是吴王夫差，而吴国第一条运河也不一定是邗沟。最初开凿运河的是楚国，而不是吴国。楚庄王时（公元前 613 年至前 519 年），楚相孙叔敖曾经在云梦泽畔激沮水做云梦大泽之地。史念海这样说的依据是三国时缪袭所著《皇览》，并以当时孙叔敖曾整理过期思（在今河南固始县西北）的水道来佐证。

史念海还写到，楚灵王时（公元前 540 年—前 529 年），也曾在郢都附近开渠通漕。楚灵王筑了一座章华台，开渠就是为了章华台的漕运。史念海在此处加了注释，意为引自《水经·沔水注》。沔水就是现在的汉江。汉江是长江最大支流，亦是南水北调中线最大水源。

当时，我并没有和他讨论"最早""唯一""第一"的问题，你应该为我点赞。

因为后来我查阅了司马迁的《史记》第二十九《河渠书》。司马迁说，自禹治洪水之后，"荥阳下引河，东南为鸿沟，以通宋、郑、陈、蔡、曹、卫，与济，汝、淮、泗会。于楚，西方则通渠汉水云梦之野，东方则通沟江淮之间。于吴，则通渠三江五湖。于齐，则通淄济之间。于蜀，蜀守冰凿离堆辟沫水之害，穿二江成都之中。此渠皆可行舟，有余则用灌浸，百姓飨其利"。你看，司马迁在这些运河的论述中，并没有举出哪一条运河开凿最早。

既然被鲁迅评价"史家之绝唱，无韵之离骚"的《史记》尚无记录，世上还有谁能说清一二？况且，《左传》所书，公元前486年，"吴城邗，沟通江淮"。吴王夫差在扬州开凿的邗沟，成为大运河的起始河段。隋炀帝大规模全线开凿大运河，以扬州为中心，在邗沟的基础上进行南北扩掘和连接。之后众人云，夫差开凿邗沟，开启了京杭运河的序幕。

夜晚，他带着我夜游扬州古运河。

我下码头，登画舫，脚下轻轻浮动，耳边音乐响起。水中，光与影闪烁，静与动魔幻。扬州多桥，桥上多灯，灯多光多色。运河的桥上桥下，一头连着历史的风雨，一头连着今天的流金浮银。两岸景物，也都倒映在水中，画舫穿行在大街小巷。

导游小姐话音袅袅。

隋炀帝开凿大运河之后，日本数百名求法的僧人也都在扬州登陆，波斯、大食等来中国贸易的阿拉伯商人在扬州随处可见。两宋时期，为了使扬州城更加靠近运河，南宋建炎二年（公元1128年），在运河边的蜀冈下修筑"宋大城"。明清两代，京杭运河达到鼎盛时期，其经济功能发挥到了空前的程度，扬州城也因此发生了重大变化，修筑新城，城址再次南徙，扬州成为濒临运河和长江的大都市。清代"康乾盛世"时，盐运和漕运的发达使扬州又一次进入鼎盛时期……

画舫停了。音乐停了。导游的声音停了。古运河静了下来。天地万物止住了呼吸。

3

京杭运河是世界上最长的人工河，北起通州，南至杭州，肇始于春秋时期，完成于隋代，繁荣于唐宋，取直于元代，疏通于明清，连接了六省市，连通了五大水系，全长 1700 多公里。纵贯南北的大运河，架设了一座沟通中华民族两千多年文明的桥梁。之后，南水北调工程通水。古老的京杭运河与世界第一大调水工程南水北调工程，犹如两条巨龙，在中华大地上翩翩起舞。

"我们去凭吊一下隋炀帝吧？"我说。

他看了我一眼，目光中略带疑问。

"如果说京杭运河，我们不能不提隋炀帝！"我说。

他答应了"客人"的希求。

我从事水利工作几十年，写过数部关于治水的作品。如果让我说最值得写的人，首先大禹，变"堵"为"疏"治理水患，划定九州，建立夏朝。2008 年，我和作家苏冠群先生曾写过长篇小说《大禹治水》，时任水利部部长陈雷亲笔题词。这本书还由外文出版社翻译成英文版，被介绍到国外，成为"西方有诺亚方舟，东方有大禹治水"的一端；其次是隋炀帝杨广，开凿的大运河成为沟通南北的动脉，成为南水北调工程的"故道"，成为世界文化遗产之一；其三……你可以说出几个名字。

烟雨蒙蒙，绿树连荫。在隋炀帝陵前伫立、凝思。想起唐朝诗人罗隐以冷语诘问，极为辛辣、尖锐的讽刺诗《炀帝陵》：君王忍把平陈业，只博雷塘数亩田。大意是，想当年炀帝统兵灭陈，统一全国，那是何等辉煌的千秋大业啊；可是，曾几何时，作为君王的隋炀帝却腐化堕落，成为千夫所指的独夫而失国灭身，只落得雷塘数亩田的墓地，这是何等残酷的悲剧结局。

他介绍说，隋炀帝在历史上是一代暴君，他与扬州的关系十分密切。

隋炀帝曾任扬州总管，后又三下扬州，死后本被草草埋葬，至唐初高祖李渊下令把隋炀帝陵迁到雷塘，从此在扬州长眠土下。后唐太宗李世民又下旨整修陵墓，基本形成如今的规模。帝陵历经六次迁徙及修建，最后一次由扬州市政府于1999年整修。如今的陵园是世界上罕见的帝王葬式，具有典型的隋唐建筑风格。

进入陵区，仰视石碑楼，横梁上写着"隋炀帝陵"四个字。进宽敞的陵门，至两个偏堂，左偏堂为隋炀帝生平图片。我仔细观看那被历史尘染的图片，灰暗中透出几屡亮光。隋炀帝统一中国，平定边疆，开运河、修驰道、筑长城、建洛阳、修榆林等，仍然给人作为千古一帝的感觉，就像京杭运河源远流长。

陵园内石牌楼、陵门、城垣、石阙、侧殿、陵冢之间，游人游动。很多人举起手机，按动照相机，录像机的快门，将漫长的历史变为瞬间。如果是你，你会把那些照片尽快删掉，还是会收藏起来？我想，无论删掉还是收藏，它已经在你的脑海中留下了记忆——有关隋炀帝与京杭运河的记忆。

"滚滚长江东逝水，浪花淘尽英雄"。明代文学家杨慎在写这首《临江仙·滚滚长江东逝水》时，并没有注意到浪花未必淘尽英雄，像大禹、杨广等人在历史的长河中始终存在。是非成败也不是转头空，昨天都会成为今天的历史。

在右偏堂书画陈列室，我还看到扬州文坛宿将、长篇历史小说《隋炀帝》的作者丁家桐所书长轴："尽道隋亡为此河，至今千里赖通波。若无水殿龙舟事，共禹论功不较多。"我着实为晚唐诗人皮日休对大运河这样的评价点赞。

凭吊隋炀帝陵之后，我衍生了一个新的问题，希望你能给我一个答案：中华民族黄帝那么多，隋炀帝为什么能建成京杭运河？

4

京杭运河给中华民族的生存和繁荣带来意想不到的盛观，政治、文化、军事、贸易、灌溉、通航、防洪、排涝、渔业、交流等，无一不受运河之恩。京杭运河，就是我们的母亲河，养育中华儿女生生不息。然而，到了晚清时期，京杭运河漕运衰败，京杭运河经历了 500 多年的辉煌之后，光绪二十七年（1901 年），清政府遂令停止漕运，有着千年历史的漕运终于寿终正寝。随着漕运的废除，大运河的辉煌逐渐变成了历史的记忆，没有漕运的大运河多处淤塞，许多地段已不能通航，运行了 2000 多年的漕运也成为凝固的历史。

沿着扬州城区泰州路而行，我来到"东关古渡"。唐朝时期开凿的东关古渡是京杭运河的渡口之一，是扬州古运河的历史见证，见证了盐运和漕运的繁华，而后几经兴衰，直到现在。如今已经成为扬州的景点。它北起瘦西湖、南到瓜州古渡，水面宽阔，长江水在此流过，穿过城区，穿过历史。河水在古运河静静流淌，带着孩子的父母在古运河畔嬉戏，戴着斗笠的老人在河边钓鱼，游船时而响着汽笛声驶过。

历史如同江水在古运河静静流逝，南水北调的工程再次激荡它的浪花。

漫步运河岸边，他娓娓讲述扬州运河的往事。

京杭运河衰落的原因主要是海运改变了原先漕运完全依靠运河河运的历史，漕运官员的贪污腐败也极大地危害了漕运秩序的正常运行。近代交通运输方式尤其是铁路运输的兴起对漕运形成了沉重打击，动荡的社会局势也是导致晚清京杭运河漕运衰落的重要原因。随着京杭运河淡出历史舞台，运河扬州段也陷入萎靡。

新中国成立后，扬州对京杭运河曾经数次进行综合性整治。1956 年至1957 年，扬州第一次开始整治运河，成立了里运河整治工程指挥部，出动了将近 13 万人，拓宽京杭运河最狭窄的地方即高邮界首四里铺到高邮城段，保障农业灌溉用水。1958 年，我国大规模兴建水利工程，扬州开始考虑到航运问题，京杭运河的整治重新提上议程。1958 年下半年筹备，1959 年正式开始，1961 年全部整治结束。

遥想 20 世纪五六十年代，扬州运河整修也像建设丹江口水库、凿通红旗渠等水利工程那样，人山人海、红旗招展、炮声隆隆、号子嘹亮，建设者自带干粮奔赴一线，肩挑人抬、夯土积石，你追我赶，人人争先。"为有牺牲多壮志，敢教日月换新天"，振奋、激励、鼓舞了中国人。"那些年，70 多万名年轻力壮的年轻人都参与开挖京杭运河"。他说。

走进一家美食店，感受"吃在扬州"。

"你想吃啥？"他问。

"在京杭运河和南水北调的源头，自然要吃'三头呀'！"我答。

他会心一笑，自言自语：拆烩鲢鱼头、扒烧整猪头、蟹粉狮子头，好嘞！

"喝点酒？"他问。

"好哇。来一瓶'长城干红'吧！"我说。

他竟然睁大眼睛，对我说："我知道你是河北人。你可不要到了扬州，还为河北的长城干红做广告呀！"

我笑笑说："南看运河，北看长城嘛！"

其实，现在北方，也能看到美丽的运河。

酒至微醺。他喊服务员又上了一道"扬州酱菜"。他说我不尝尝这道菜会很遗憾。他吟咏了苏东坡的一首诗来赞美：色如碧玉形似簪，幽香喷艳溢齿间，此味非比寻常物，疑是仙品下人寰。酱菜有乳黄瓜、萝卜头、嫩生姜、什锦菜等数十个种类，瞅一眼美色泽亮，闻一闻酱香浓郁，尝一口鲜甜脆嫩，的确美好。

我点的主食是扬州炒饭。他夸我点得好，继而又褒扬州蛋炒饭，说千万别小看这道炒饭，它可是糅合了淮扬菜肴的"选料严谨，制作精细，加工讲究，注重配色，原汁原味"的特色，发展成为淮扬风味有名的主食之一，名气遍及世界各地。扬州炒饭的品种丰富，有"金裹银""什锦蛋炒饭""青菜炒饭"等。的确，那些笋、鸡蛋、海参、火腿、青豆、虾仁、香菇、葱花、猪里脊肉等，看在眼里，各分秋色；吃在嘴中，滋味各异。

不过，我提醒你，若想吃扬州炒饭就到扬州来，因为我在河北、北京也吃过，味道确实不一样。

饭后，他又给了我一堆资料，让我慢慢看。

京杭运河的整治，给扬州尤其是沿运河地区带来重大变化；国家实施南水北调工程，京杭运河成为南水北调东线输水干线，成为历史文化与现代文明相映成辉的长廊。从窗口望出去，河内船只南北穿梭，沿堤参天大树绵延百里，绿荫相交，风景秀丽，古老运河焕发出了青春。

5

家里不断地烧，

路上不断地挑，

车上不断地敲，

打得沫子水上漂。

这首诗说的是新中国成立前，沿运河的老百姓用水很困难。栽秧的季节到了，在家的人要不断地烧饭，把饭送给车水的人吃。那个时候水车都是人脚踩水，踩水的人边踩水边敲锣。现在，江都泵站的电源一开、机器一响，滔滔甘霖滋润沃野。

《源头记》这样记录江都泵站：工程始于一九六一年，竣于一九七七年。其间，遇三年自然灾害，遭十载"文革"浩劫，而江淮儿女，矢志不渝，气吞山河，拓进不息，终成降龙伏虎之鼎器。又经治淮治太修复加固，枢纽完善矣。

江都水利枢纽工程位于扬州市江都区，地处京杭运河、新通扬运河和淮河入江尾闾芒稻河的交汇处。

新中国成立后，为了根治江淮水患，在毛泽东主席"一定要把淮河修好"的号召下，江都水利枢纽工程于 1961 年 12 月破土动工，到 1977 年 3 月经过 16 年的建设历程，一个拥有远东最大排灌能力，兼有发电、航运能力的综合水利枢纽巍然出现在世界东方。全站共拥有 33 台机组，总功率为 49800 千瓦，每秒钟可提引江水 473 立方米，自引江水 550 立方米。往日桀骜不驯的长江、淮河，实现跨流域互调。

他说，如果把运河比喻成一条龙脉，那么这里就是龙头。随着南水北调一期工程的建成，这里成为东线水源地，每年 150 亿立方米的长江水通过 13 级泵站提水，穿过黄河河底隧道，源源不断地输送到山东等地。

他的比喻在《酉阳杂俎》中得到印证。江都曾称龙川。传说杜、康二女化白龙飞升的地点是一条狭长的陆地，陆地宛如一条长龙，长龙将蟒导河分成两条河，出现了一个硕大的"川"字，于是叫"龙川"。今天的江都市，到处是河道，既有人工的，也有自然的，既有近代的，也不乏古代的。如果俯视江都水利枢纽工程，也是一个巨大的"川"字，南连滚滚长江，北通滔滔运河，中间是江都水利工程群，江水连天，绿树成岛，蔚为壮观。

从源头石碑东行百十米，我走进江都水利枢纽工程区。不远见四座庞大的抽水机站，呈"一"字形排列，那类似十层楼高的灰白色泵站厂房巍然矗立，周围的绿树和碧波交相辉映，垂柳和鲜花彼此生辉。伫立在站体之巅，我凭栏远眺，长江、运河波光粼粼，宽广的输水河道宛若一条长长的白色绢带，飘逸在苏北千里沃野上。

江都水利枢纽工程是国家水利风景区。我步入其中，佳木郁葱，鸟语花香，亭榭楼台，似世外桃源，更有园中园、明珠阁、江石溪碑亭等点缀其间；万里长江、京杭运河，纵横交错，构成了一幅人与自然和谐共生的美丽画卷。

远远望见第三抽水站厂房顶部，镶嵌着红艳艳的三面红旗，我为之一惊，又一振。

三面红旗，是中国共产党于 1958 年提出的一个施政口号，意指"总路线、大跃进、人民公社"，是第一代共产党人领导全国人民进行的一次社会主义建设的探索。那时，中国共产党人胸怀"落后就要挨打"的忧患意识、"开除球籍"的危机感和"尽早改变我国落后面貌"的强烈愿望，用"多少事，从来急；天地转，光阴迫。一万年太久，只争朝夕"的豪迈气概，带领全党和全国人民接连干了几件震撼世界的大事，包括制定建设社会主义的"总路线"，发动的"大跃进"运动和在全国范围内大搞"人民公社"化运动。

那时，辽阔的祖国大地到处是"一马当先，万马奔腾，大干快变，超英赶美"的壮观场面。在我幼年记忆的墙壁上，还刷写着"总路线万岁""大跃进万岁""人民公社万岁"的文字。第三抽水站就是那个时代的产物，是新中国成立后国内第一个自行设计、自行建设、自行管理的大型泵站。把三面红旗镶嵌在上边，或许让我们记住什么，或许给我们启示什么！

在第四抽水站前，我耐心听取他的介绍：江都站改造工程主要包括江都三站、四站更新改造，江都变电所更新改造，江都西闸除险加固，东、西闸之间河道疏浚，江都船闸加固等工程。工程于 2005 年 12 月开工建设，2014 年 1 月通过完工验收。目前，江都三站、四站自改造完成后分批投入抗旱排涝和向北方供水的工作中。

2014 年冬天，我有幸见证了南水北调东线通水的盛况。随着第四抽水站闸门缓缓被提起，长江水翻起浪花进入京杭运河。

我的心情和欢腾的流水一样激动：

江淮激越，厚泽远扬。江都水利枢纽作为江苏江水北调工程的龙头，作为伟大治淮工程的重要节点，为苏北地区抗旱排涝、夺取农业丰产、人民安居乐业作出重要贡献，再现"走千走万，不如淮河两岸"的丰硕和谐景象。

南水北调，鼎盛华章。作为国家南水北调东线工程的源头，将长江之水输送到山东、北京、天津、河北等地。汩汩清泉，逆流北上，使古老的运河重新焕发勃勃生机，实现了江淮两川跨流域调水，缓解了北方地区水资源严重不足的矛盾，更显"江淮明珠"举足轻重的战略地位。

然而，我每次离开江都泵站，都有一件事放心不下。什么事？你懂的！

6

在工程园区，"绿水青山就是金山银山"几个大字豁然写在展示屏幕上。2017年党的十九大把"绿水青山就是金山银山"写入党章，2018年两会又把"绿水青山就是金山银山"作为生态文明的重要内容写入宪法，"绿水青山就是金山银山"成为全党全国人民新时代的新遵循。我在这里见到这醒目的大字，油然想到江都水利枢纽管理局已经融入建设美丽中国的大潮中。

作为南水北调东线水源地，水清天蓝是江都人的又一担当！

在江都区政府会议室，那位负责人激动地站起来。"宁可牺牲部分经济利益，也要保证南水北调东线水源地水清天蓝；牢牢把握生态修复关，还江淮生态大走廊一片'青山绿水'！"会议室回荡着慷慨激昂声音。

我站在江淮生态大走廊效果图前，仔细听取讲解员的解说。

江淮生态大走廊在江都区域内总体规划布局为沿京杭运河、高水河、芒稻河、夹江及周边湖泊水系、湿地形成的生态带，及沿三阳河、新通扬运河、夹江形成的清水走廊，"一廊一带"总面积约为174平方公里，涵盖"沿江、沿湖、沿河"三大区域。

"一廊一带"是两个中心，点线块面一体和谐。"点"是指江都仙城、邵伯两个生态中心；"线"指京杭运河、高水河、芒稻河、夹江、三阳河、新通扬运河等主要水系及沿河绿化带；"块"指邵伯湖等湖泊及湖滨湿地；"面"指整个生态大走廊（江都区）规划区域。

江淮生态大走廊在江都区最终要打造成"三区"：南水北调清水通道的生态涵养区、淮河入江水道的生态净化区、河网地区生态文明建设的样板区……

忍不住，我驱车向江都区大桥镇的长江岸边走来。这里就是南水北调的取水口，翠绿的长江水微荡涟漪、缓缓流动。就是从这里，甜甜的甘霖被抽调至千里外的北方干旱地区。

林荫路上，一块蓝色的牌匾引人驻足：江都区生态红线区域——南水北调东线源头水源保护区。"红线"这两个字，对江都人来说或许并不陌生。按照水源地的环保要求，江都全境千余平方公里被分为3个区域，其中202平方公里被划为禁止开发的"红线区"。

走到长江岸边，我惊呆了。不远处的长江里，漂浮着一排浮标。原来，南水北调工程东线取水的管道从脚下的泥土里穿过，一直伸到长江里。为保证南水北调东线水源地的水质，有关部门在长江里设置了浮标，隔绝过往商船产生的污染。

他介绍说，江都南水北调水源地禁止建设一切非涉水项目。多年来看中这片风水宝地的客商不计其数，但无一例外都被挡在了门外。100多家水泥厂、化工厂、化肥厂，也因为位置靠近送水通道而相继关闭，涉及投资额60多亿元。同时，长江、夹江沿线的小码头、小砂石厂、小船厂也要一并关停整治。

他手指大桥镇夹江岸边的三江营一带说，那里曾经有一座水上餐厅，已被拆除。如此，长江沿线、江淮生态大走廊和长江饮用水水源地二级管控区范围内共有 6 家砂石码头、3 家搅拌站和 1 家水上餐厅被拆除。长江岸边的 4 家造船厂，也列入了拆除关闭的名单。这些企业在制造、装卸、转运、堆放、加工等过程中，往往是露天作业，产生的扬尘污染，严重影响空气质量和生态环境。

"这会造成经济利益的暂时受损？"我问。

那位政府负责人说，宁可"忍痛割爱"，也要保证南水北调东线水源地水清天蓝。

有关部门提供了一组数字：在南水北调东线的取水源头，一举关闭的污染企业达到数百家，每年损失的 GDP20 多亿元，每年的利税损失超过了 5 亿元。尽管如此，江都区仍拿出 23.96 亿元，搬迁、关闭、淘汰一批落后产能项目，确保生态红线区域内污染企业全部退出。

我来到刚刚开园的南水北调源头公园。

从南水北调源头公园规划图上看到，公园占地约 615 亩，总投资额约 1.6 亿元，设计理念以生态思维、文化思维、产业思维为主导，营造"一廊、三片、八景"的景观结构，着力打造月潭文化区、江滩活力区、芳甸生态区三大分区。

月潭文化区以园中园的形式集中展示张若虚为代表的扬州诗词文化，凸显扬州园林传承；江滩活力区着力打造婚庆广场、体育运动、入口综合活动及度假酒店四大功能板块；芳甸生态区充分挖掘扬州在南水北调东线工程及江淮生态大走廊中的源头地位，打造国家生态战略的源头纪念园。

刚刚开园的是芳甸生态区。

围绕水系，施工方在水系中间做了很多的岛屿，岛屿上的植被已经基本栽种完成。这一区域内的植被也有上百种，所栽树木以江都本土树种为主，包括香樟、紫杉、落羽杉和桂花等，突出江都的地域特征和地方特色。江淮生态水系的微缩景观、公园景观乔灌木、贯穿水系的木栈道、自行车道、月光漫道，开始喜迎宾客。

那位政府负责人说，近年江都立足自身水体、湿地、苗木等资源优势，累计建成自在公园、邵伯运河公园等 22 个总计 120 多万平方米的生态体育休闲公园。下一步，江都将统筹推进龙川体育休闲公园二期、扬剧市民公园、城市花园体育游园等近 10 个生态体育休闲公园建设……

和长江水一样，告别扬州踏上征程。想起南宋诗人朱熹的名句："问渠那得清如许？为有源头活水来。"从大运河开凿，到江水北调工程实施，再到南水北调一期工程通水，中华儿女不断地注入源头活水，更多更好地造福华夏民族，为人民谋幸福。

江水奔流，滔滔不息！

第二章

到了淮安

7

南水北调东线工程在江苏省江水北调工程基础上扩大规模、向北延伸。从江都附近的长江三江营处引水，以京杭运河为输水干线，串联调蓄湖泊，逐级提水北送，解决苏北地区的农业缺水和胶东地区的城市缺水问题，补充鲁西南、鲁北和河北东南部部分农业用水，以及天津市的部分城市用水。

我沿里运河北上，到达淮安市。

淮安位于江苏省中北部，江淮平原东部，古淮河与京杭运河交点，境内有全国第四大淡水湖洪泽湖。地处长江三角洲地区，是南京都市圈紧密圈层城市、苏北重要中心城市、长江三角洲城市群成员，也是中国优秀旅游城市、全国卫生城市、国家园林城市、国家环境保护模范城市、国家级低碳试点城市。

他立即迎接过来，激动又自豪地说："淮安被誉为'运河之都'！"

他果然是个"运河通"，尤其说起淮安的运河，头头是道。

因为淮扬运河，所以诞生了淮安。淮安与淮扬运河同岁，距今两千五百余年。

春秋时期，各诸侯国间你争我夺，战争频繁。吴王夫差一心想北上伐齐，统一中原。但军粮和辎重的运输成为伐齐远征的重要问题。夫差想，如果采取陆路运输，路途遥远，道路不畅，耗费人力物力巨大。当时长江与淮河各行其道，并无水路可通；走海路，又风狂浪急，风险太大。他决定利用吴国的优势，使用水军开河、造船、航运。

于是，吴国利用长江与淮河之间密布的湖泊等自然条件，就地度量，局部开挖，把几个湖泊连接起来，将长江与淮河贯通，形成运河。这条运河以南端的古邗城为起点，因此称为"邗沟"。在北端起于北辰镇，就是今淮安河下古镇，为淮安前身。

古邗沟的开凿为中国东部地区南北政治、经济、文化交流发挥了巨大作用，所以我从扬州出发到达淮安，也想追溯淮安、扬州两座历史文化名城因此诞生的印记。两千五百余年的历史，就是淮安和扬州与中国大运河结缘的历史。

两千五百余年，那是一条多么漫长的时间长河呀！

我首先参观了总督漕运部院遗址。

资料明示：当时，总督漕运部院建筑规模宏伟，有房 213 间，牌坊 3 座，中曰"重臣经理"，东西分别曰"总共上国""专制中原"。中轴线上分设大门、二门、大堂、二堂、大观堂、淮河节楼。东侧有官厅，书吏办公处、东林书屋、正值堂、水土祠及一览亭等。西侧有官厅、百录堂、师竹斋、来鹤轩等。大门前有照壁，东西两侧各有一座牌坊。以上建筑，皆毁于 20 世纪 40 年代。房基、础石仍存。更值得一提的是衙门前有一对纤尘不染全国罕见的白矾石的石狮。有人说是元代波斯（今伊朗）进贡的两对艺术价值极高的石狮，一对运送京都，一对被国舅留在淮安。可惜这对石狮在"文革"中被当成"四旧"砸成碎块。

他介绍说，中国的漕运自隋唐时期开始兴起。漕运是中国历史上特有的一种现象，也是人类在农业文明时代重要的制度文明成果之一。封建统治者通过漕运进行持续畅通的粮食和物资运输，从而实现全国资源的调配。

因为淮安特殊的地理位置，漕运的兴起造就了它的繁荣。淮安楚州是南北水运枢纽、东西交通的桥梁。《重修山阳县志》载："凡湖广、江西、浙江、江南之粮船，衔尾而至山阳，经漕督盘查，以次出运河，虽山东、河南粮船不经此地，亦遥禀戒约。故漕政通乎七省，而山阳实属咽喉要地也。"遥想当时，"帆墙衔尾，绵亘数省"，何等壮观；南粮北调、北盐南运，又是何等繁华。

漕运总督是明清两朝中央政府派出的统管全国漕运事务的高级官员，品级为从一品或正二品。始设于明景泰二年（1451 年），驻节于淮安府城（今淮安区）。漕运总督不仅管理跨数省、长达 3000 多华里的运河沿线，并且还管理地方行政事务。史上著名的漕运总督有史可法、林则徐、张之万等。

漕运开始于春秋，发展于秦汉，昌盛于唐宋，鼎盛于明清，经过 2300 多年红火和风光，在运河淤塞、漕政弊坏、海路陆路兴起的背景下，寿终正寝。而运河，途多肠梗，荒草萋萋，风卷飞沙，成为人类的垃圾场！

参观中国漕运博物馆也是此行的内容之一。

一座博物馆能唤醒一座城市的历史记忆。中国漕运博物馆从不同的视角，以融入现代风格的方式展现了丰富而厚重的漕运文化。件件文物，幕幕画卷，尊尊雕塑，诉说着一段古老帝国的梦想、一个民族行走在水上的传奇。但是，我还是把考察的脚步，重点停留在流淌了几千年的古老运河前，因为大运河承载着一个庞大的漕运帝国，同时哺育了运河沿线的几十个城市，也为南水北调东线工程奠定了基础。

8

南水北调工程利用了大运河的航道。

我在金湖县银集镇境内三河拦河坝下的金宝航道输水线上见到了金湖泵站。"金湖站工程是南水北调东线一期工程从扬州江都泵站出发达到的第二个梯级泵站。由泵站、站上公路桥、站下清污机桥、上下游引河等组成。"他说，它的主要任务是通过与下级洪泽站联合运行，由金宝航道、入江水道三河段向洪泽湖调水，为洪泽湖周边及以北地区供水，并结合宝应湖地区排涝。

金宝航道即南水北调大渠内，水流浩荡，水光潋滟。

金湖站的工作人员介绍，这个站每秒向洪泽湖调水 150 立方米。也就是说，每秒就有 150 吨水从这里流过。

这里，还建设了淮阴三站、淮安四站。

"在清浦区和平镇境内，与现有淮阴一站并列布置，和淮阴一、二站及洪泽站共同组成南水北调东线第三梯级泵站。"他说，工程具有向北调水、提高灌溉保证率、改善水环境、提高航运保证率等功能。淮安四站在楚州区三堡乡境内里运河与灌溉总渠交汇处，和已建成的淮安一、二、三站共同组成南水北调东线一期工程的第二个梯队，承担供水、防洪、排涝和灌溉等任务。

"同时，实施了南水北调淮安四站输水河道工程。在淮安区境内，由运西河、穿白马湖段和新河三段组成，全长近 30 公里。工程既有拆建，也有加固，还有新建。"他说，拆建了一座流量为 150 立方米 / 秒的节制闸，加固了一座流量为 100 立方米 / 秒的引水闸，新建了一座流量为 30 立方米 / 秒的补水闸、一处 550 米长滚水堰，拆建、新建 12 座桥梁。作为南水北调淮安四站引河，它担负起淮安四站从白马湖和大运河引水的任务。

无独有偶，金宝航道在南水北调工程实施中得到疏通。

我在淮河下游高邮湖、宝应湖地区见到南水北调金宝航道工程。"东自南运西闸，西至洪泽蒋坝，全长 64.4 公里，以淮河入江水道三河拦河坝为界分金宝航道段和新三河段。"他介绍说，工程主要作用是通过疏浚金宝航道，扩大河道输水能力至每秒 150 立方米，满足金湖站、洪泽站抽水北调要求，并可结合提高宝应湖地区排涝标准和金宝航道通航能力。

2013 年，长江水从这里经过。

"近年，苏北运河多项水运经济指标在全国近千座船闸中首屈一指，也成为世界上最繁忙的内河航道之一。"他说，淮安凭借优越的地理位置，成为苏北运河的水运枢纽。淮安港货物吞吐量超亿吨，位列江苏省内河第一。

我忽发感慨，古老的大运河在南水北调工程中再展雄姿，再立新功。名河、名城、历史、现实，在 21 世纪南水北调的宏伟画卷里交响融合、浓墨重彩，彰显出运河文明生生不息的隽永魅力，续写着中国水利继往开来的佳话传奇。

是呀，今日的淮安河渠交错，水系众多，水利工程建筑群密集。每个水利枢纽，浓荫蔽日，花木葱茏，曲廊迂回，喷泉冲天，气势磅礴。如果把古老的运河比作娉婷婀娜的美人，那么闪光夺目的淮安水利枢纽就犹如镶嵌在美人玉臂上的明珠，熠熠生辉。

"下站我们去哪？"我问。

"我想带你欣赏运河之夜。"他答。

9

淙淙流水述说运河悠久的历史，众多文物古迹写满优美的故事。

这里是淮安里运河！

春季的里运河，覆盖了一层明媚的春色，犹如一条精致的绿色丝带，碧水清波串起片片景色，景色如画。夜幕降临，船上岸边华灯齐放，璀璨夺目。游船悠悠，带我领略春水春晚的一番风情。

清江浦楼张灯结彩，由小而大，由远而近。国师塔灯火通明，庄严雄伟。常盈桥笑容盈盈，欢迎夜游宾客。其实，"盈"是"满"的意思，因为常盈桥南首是古漕运仓库所在地，盈者满矣，故其名。夜里的常盈桥哪里是用水泥浇筑的桥梁，分明是用灯光绣成的水上明珠。

他可能以为我还不了解里运河的历史，于是不厌其烦、耐心备至地讲述：里运河是京杭运河最早修凿的河段，流经江苏省淮安市、高邮市、扬州市，自清江浦至瓜洲古渡入长江。介于长江和淮河之间，北接中运河，南接江南运河，长 170 余公里。

他说，公元 1415 年，明永乐十三年，时任朝廷督运总兵官陈瑄沿北宋沙河故道开凿了一条运河线上不平常的河道，这就是闻名遐迩的清江浦。清江浦的开埠，对于运河全线漕运的畅通、明清时期淮安在全国中心城市地位的奠定具有十分重要的意义，并由此成就了淮安"运河之都"的称号。

从扬州到淮安，里运河穿过淮安市和扬州市市中心繁华的老城区，沿岸文物古迹甚多，仅在江都水利枢纽工程管理局院内，就有"江石溪先生纪念亭"。据说，来自徽州和山西富甲天下的两淮盐商，聚居在扬州新城以及淮安河下，竞相建造精巧雅致的私家园林。

如今，两地又添"私家公园"。

我感慨，淮安是少见的大运河、淮河、盐河、淮沭新河、苏北灌溉总渠"四河穿城"的城市，它是一块浮在水上的热土和宝地。水，就是淮安之魂，大运河就是淮安之脉。大运河千年流淌，由南至北，长流不息，富庶了临河而居的淮安人，也砺造出当地刚柔兼济、南北融会的独特民风。

我站到常盈桥桥头，望见巨大的船舶排队成行，托运煤炭、砂石。他有些自豪地对我说，这里的航道标准较高，可通航 2000 吨级船舶。而我，每到淮阴闸、淮安闸、邵伯闸一侧，专注船闸起降、船舶过往的风景，也异常兴奋。

南水北调工程实施前，我曾到过淮安。那时的里运河像个蓬头垢面的灰姑娘，崎岖不平、杂草丛生的河堤把河面遮掩起来，水面上漂浮着枯木衰草和白色的食品袋，一条条小河道则溢出呛鼻的臭酸味。这次前来，印象却格外地好。

运河与南水北调工程接力，孕育出新的文明。

昔日蓬头垢面的运河不见了，映入眼帘的是波光粼粼、洁净静美的景色。运河岸边许多地方绿树掩映，芳草萋萋，成了名副其实的"绿色走廊"。那一支支船队在运河里宛如游动的长龙。

里运河靓了，河畅了，水清了，岸绿了，景美了，展现了"城在水中、水在城中"的特色，这是南水北调"截污导流工程"发挥的锦上添花的作用。

他说，通过拆迁里运河两岸的民房，沿大运河、里运河铺设截污干管，新建污水提升泵站，清除河底污染淤泥，疏浚整治河道，收集原排入大运河、里运河的废污水，再经过污水处理厂处理，改善了大运河及里运河的水环境，提升了运河的水质。

夜晚的里运河，更是妖娆多姿，灯影璀璨。道路两旁，霓虹闪烁，繁星点点。五彩斑斓的游船画舫穿梭往来——让游人尽情体验船在河中走，人在画中游的美好意境。

"这里是里运河文化长廊清江浦景区，已入选 2016 年江苏十大新景区。"他告诉我。

2013 年以来，淮安市策应建设苏北重要中心城市的定位，积极发展以运河文化、地方文化为特色的主题旅游，扎实建设、打造清江浦景区。

美女导游绝不放过宣传的机会，立即放开柔婉的金嗓子：

清江浦景区，位于里运河文化长廊"起（清江浦）、承（漕运城）、转（山阳湖）、和（河下镇）"四大片区的"起点"大闸口地段。范围为西至清江大闸，东到越秀桥，南边至轮埠路，北边至圩北路南。这里集淮安地方文化特色和古运河水景于一体，揽自然景观和人文景观于一处，是具有浓厚运河文化特征、浓烈地方文化气息、浓郁生态园林特色的博物馆群、国家 AAAA 级旅游景区、淮安市优秀外宣基地。

的确，"南船北马，舍舟登陆"石碑昭示着昔日的繁荣，清江大闸、陈潘二公祠、吴公祠、斗姥宫、御马头等运河文化遗存给运河之都平添了庄重和传奇色彩，中洲岛上的系列文化展馆包括清江浦记忆馆、戏曲馆、名人馆、清江浦楼等，彰显了全国历史文化名城淮安的无穷魅力。

我默默坐在游船上，想起康熙大帝的诗句：红灯十里帆樯满，风送前舟奏乐声。

在千余公里的大运河沿线，康熙曾用这样的诗句描绘清江浦的盛世景象。岁月沧桑，淮水悠长，江水匆匆。当代淮安人通过里运河文化长廊的打造，把清江浦的兴盛之景、繁华之所、绚丽之美次第呈现出来。她让我感受着古朴与现代的完美结合，体味着千年古运河近在身边的气息。

大运河、南水北调，犹如时间的两个重要节点，在历史的长河中闪闪发光。她们在淮安相遇，使淮安人倍感自豪。淮安人也许会自豪地说，他们不生产水，只是水的搬运工。他们要确保一江清水永续北上。

遗憾的是，我仿佛看到这里的水流连忘返，久久不肯离去。她们或许没有看够这人间奇迹！

10

原来说定去看被誉为人间奇迹的水上立交，他却突然改变了主意，带我到淮安的文化景点去。他说让我轻松一下。欲说是轻松，不如说陶醉，更毋宁言敬仰。我知道，是运河孕育了这些历史上的伟大人物。

首先来到周恩来总理的故居。

周恩来总理是我最为敬佩的党和国家卓越领导人之一。

他的故居位置在淮安市城区镇淮楼西北隅三百米外的驸马巷，还是清朝咸丰至光绪年间的建筑，是典型的苏北民居的建筑风格，由东西相连的两个普通的老式宅院组成，东宅院临驸马埠，西宅院局巷，是曲折的三进院结构。整个建筑青砖灰瓦、古朴典雅。故居楣部红底金字抒写"周恩来同志故居"字样，左翼墙壁是"百个全国中小学爱国主义教育基地"的标识，一块石碑上写着"全国文物保护单位"字样，说明是从国家层面给予保护。

见我来了，美女导游迎过来，主动讲解：

现在这座老式宅院是周总理的祖父周攀龙从浙江来淮安做官时与其二哥周骏昂合买的。总理的生母万氏十二姑生育三子：恩来、恩溥、恩寿。总理在这里出生，在这里生活了12个年头。

我跟随导游走进故居大门。右侧是一道院门，里面是一幢折角形建筑，一间朝南，三间朝西。从敞开的木格门看进去，里边摆着几张锈渍斑斑的书桌和椅子，桌上摆着笔墨，墙上挂着字画。导游说，这是总理5岁时读书的家塾。

走进家塾对面的院门，见三间朝南的平房，中间是堂屋，两边是卧室。导游说，那是总理父母的住房，总理就出生在东面那间房内。

堂屋对面院墙上挂着一块红匾，我伫立红匾前仰视，上书"全党楷模"四个大字，高度概括周总理的一生。

穿过一道门来到西院。西院布置了"周恩来童年家世和故乡展览"，包括《周恩来童年时期在淮安活动年表》《周恩来家世简表》，以及周总理在沈阳读书时回忆家乡的文章等珍贵的历史资料。

导游说，1910年，12岁的总理到东北去读书，以后就再也没有回来过。他把自己的毕生精力都献给了人类最壮丽的共产主义事业！

院中有棵高大的榆树，树荫遮日。榆树下有口古井，井水深深。

在展出的文物中还有周总理给淮安县委的题词、写给县委负责同志的亲笔信及为《淮安日报》题写的报头等，说明他离开淮安后虽然从未回来过，但对大运河滋润过的故乡和人民的感情至深，对故乡的建设一直十分关心。看到这些珍贵文物，更加激起我对敬爱的周恩来总理的深切怀念。

然而，很多人或许知之甚少，周总理作为革命家、政治家，曾为南水北调工程的规划、研究、查勘等奉献了诸多的智慧和汗水。他对南水北调有关问题的研究和执着，科学、认真、严谨、负责的精神，为古老的大运河再现生机，为南水北调梦想成真，起到了十分重要的作用。

我把历史的镜头聚焦周恩来总理：

1952 年，毛泽东主席提出南水北调的梦想。

1958 年 2 月，毛泽东对周恩来说："恩来，这些问题今后就由你来管吧。"主席还伸出四个手指头，认真地说："一年抓四次。""这事"就是治理长江、南水北调的重任。

"好，我来管！"周恩来爽快地答道。

到 2 月底，周恩来立即赶到武汉，视察长江三峡。他在"江峡"号轮船上，听取了有关部门的汇报，当即指示："同意建设丹江口水利工程，现在就应积极准备，列入第二个五年计划开工。"

"总原则是丹江口水库综合利用，以近期为重点，济黄济淮作为远期并不排除，现在可以不考虑引水后发电问题，那是 10 年、20 年以后的事。"他又说。

3 月 25 日，周恩来在中央政治局成都会议发言，提议根据毛泽东南水北调的宏图，应该首先兴建丹江口水利枢纽，因为这是综合开发和根治汉江的关键工程，也是将来南水北调的一条地理位置十分优越的通道。他指出，丹江口水利枢纽工程争取在 1959 年作施工准备或正式开工，将引汉水灌溉唐白河流域的灌区规划列为与丹江口工程同期实施。

在会上，毛泽东听了周恩来的建议，很兴奋。他说："打开通天河，白龙江，借长江水济黄，丹江口引汉济黄，引黄济卫，同北京联起来了。"

会后，丹江口工程前期工作启动，开工时间比原计划提前一年。湖北、河南两省十万建设大军，推着小车，背着干粮，浩荡开进丹江口。隆隆炮声，拉开了战天斗地建设丹江口水利枢纽工程的大幕。

8月，在一架从北京飞往北戴河的飞机上，周恩来向"长江王"林一山询问："丹江口水利工程和中线南水北调规划怎样？"

"丹江口工程正常高水位175米最好，保证有200亿立方米水量从方城垭口直通华北平原，是引长江三峡之水北去的组成部分。"林一山说。

在南水北调中线的规划图前，周恩来指着一个位置问："这里有一个始皇沟？"

"这是宋朝程能带领30万民工开的，中途停止。现在南水北调的渠道正好经过这里。"林一山回答。

历史有时惊人的相似，而"南水北调"古已有之。

周恩来说的"始皇沟"，其实就是"襄汉漕渠"。"襄"即古襄邑城，今睢县的简称。"汉"就是汉水。《宁史·河渠志》记载：白河在唐州，南流入汉（水）。"漕"即漕运，指古代利用水路运输的方式。

襄汉漕渠，首段在湖北省境内，中段名始皇沟、十万沟、赐黄沟，位于南阳市境内，是古代南水北调工程实践，是我国最早的南水北调工程雏形。

宋史本纪第四记载，"太宗太平兴国三年（公元978年）正月开襄汉漕渠，渠成而水不上"。西京转运史程能上书宋太宗赵匡胤的折子写道："请自南阳向下口置堰，引白河水入石塘、沙河、合蔡河达于京师，以通湘潭之漕。"

宋史本纪第四说，赵匡胤准奏，开始安排施工。

准确的文字表述，即"诏发唐（今河南泌阳、唐河、社旗、桐柏、方城等县）、邓（今河南邓州、宛城、卧龙、镇平、新野、内乡、西峡、淅川、南召等县）、汝（今河南临汝、襄城、叶县、鲁山、宝丰等县）、许（今河南上蔡、新蔡、遂平、确山、西平、平舆、汝南等县）、陈（今河南淮阳、太康、项城、商水、西华等县）、郑（今河南郑州、新郑、荥阳、原阳、中牟、密县等）诸州，丁夫数万赴其役，又发诸州兵万人助之"。

我曾经到过方城县城东南八里沟，从遗迹可想当时堑山堙谷的情景。有人介绍，大约用了一个月的时间，经南阳市宛城区的新店、方城县的博望、清河等，穿罗渠（今方城县赵河）、少柘山（今方城县二龙山），不过几十公里。再往前开挖，遇到江淮分水岭，地势较高，工程量大，受技术条件的限制，古代南水北调之梦破灭。

《南阳府志》载：程能又向皇帝建议，增加开渠力量，但水仍不可通漕，又适逢白河上游山水暴涨，白河渠首石堰被毁，漕渠未开通而停止。端拱元年（公元 988 年），皇帝诏八作使石全振前往观察，他认为古白河"终不可开"。

周恩来眉头紧皱。他知道，当时我国的技术条件、经济能力等，都存在着不足，建设巨大的调水工程压力很大。"始皇沟"的结果，给周恩来平添一丝忧虑。有人猜测周恩来会因为"始皇沟"而改变南水北调的计划。

"江水北调有四条引水线路，长江的上中下游都可以设想，要搞一个全面的规划。"8 月 31 日，周恩来在北戴河会议上指出。

当时，处于"大跃进"时期，涌现出很多不切实际的调水狂想。周恩来一边苦口婆心耐心地说服，一边铁青着脸对错误倾向进行严肃批评。他指出，水利建设不能把设计能力当成实际，把前途当成现实，新工程上马要非常谨慎。他说，理想总是要实现的，但是要经过一个历史时期，不能急，不能随便搞。

他说:"把珠江的水调过长江,把长江的水调过黄河,设想得非常容易,落实起来有很多困难。"

他说:"实际上这些问题要结合起来研究才行。有多少水可用?多水年、平水年、少水年的情况各如何?要改变现状,对地下水的影响如何?蒸发多少?渗漏多少?都是复杂的学问。"

事实上,中国在20世纪50年代和60年代的经济、技术条件下,全面实施南水北调工程是不现实的。刚刚跨进60年代的门槛,丹江口工程出现质量问题。1962年春节的晚上,周恩来来到国务院会议室,主持丹江口工程质量处理会议。

他认真听取有关人员的汇报,然后语重心长地说:"丹江口工程成绩还是主要的,工程上有了毛病是可以医治的,也是可以医治好的。今天只能有这样一个态度。"

他明确了处理丹江口工程的方针:

要把丹江口工程质量处理好,这是一件大事。既然现在工程质量不好,那就应该停下来,认真进行总结;是否原班人马可以搞好质量的问题,应该寄予希望,相信他们可以搞好,"一看二帮",要是以后搞不好,那是另外问题;施工要服从设计;信心不要动摇,骄气太重也不好,要有朴实的作风……

于是,党中央下文正式批准水电部党组《关于丹江口大坝质量处理与施工安排的报告》,准确时间是1962年3月5日。

1964年12月26日,丹江口工程复工。

1973年年底,一座银灰色大坝拔地而起,千百年来桀骜不驯的汉江从此听从人类合理、科学的安排。

1972年,病魔已经缠上了周恩来,但他念念不忘丹江口工程。他曾感慨地说,二十年来我关心两件事,一个上天,一个水利。这是关系人民生命的大事,我虽是外行,也要抓。水利抓了二十年,而水利至少有三千年的经验，这是科学的事，都江堰算个科学，有水平，有创造嘛。两千年前有水平，两千年后我们应该更高嘛！

周恩来了解到丹江口工程的经验尚未总结，严肃批评道："丹江口1958年开工到现在，还不总结经验，太不科学了，不合乎主席教导呀！主席讲，要不断总结经验，叫做'不断'嘛！你们就断了。是吃大亏的事，走了许多弯路。"

……

如今，南水北调中线工程已经通水，淙淙绿水进入千家万户，然而我们敬爱的周恩来总理没有喝上一口调来的长江水，也没有看一眼家乡淮安的水上立交枢纽工程！

11

"你要不要参观一下吴承恩纪念馆？"他问。

"不了。它与南水北调没啥关系！"我答。

当告别大都市的立交桥，来到水路立交工程时，我不由得伸出大拇指，为她点赞。在淮安南郊、京杭运河与淮河入海水道的交汇处，比邻苏北灌溉总渠，是一座水路立交工程。因为有了这个工程，淮河入海水道与京杭运河各自独流。

我站立桥头，极目远望，河道纵横，绿地如茵，入海水道大堤像两条巨臂，护卫着水上立交；上部航槽承接京杭运河南北航运，船队浩荡，往来如梭；下部巨大涵洞已没入水中，自西向东沟通了淮河入海水道；采用新颖的水泥砌块护坡，使进出口段也整齐美观，增添了淮安枢纽工程的风采。

他递给我的资料详细介绍：

淮安水上立交枢纽工程是亚洲最大的水路立交，2000年10月开工，

2003 年 10 月竣工。主要建筑物有立交地涵、古盐河与清安河穿堤涵洞、渠北闸和入海水道北堤跨淮扬公路立交旱闸，共由 4 座大型电力抽水站、11 座涵闸、4 座船闸、5 座水电站 24 座水工建筑物组成。

"上槽下洞"的水上立交成为运河穿越淮河的模式。淮安水上立交枢纽工程功能主要是满足淮河入海水道泄洪和京杭运河通航及南水北调输水。上部是通航渡槽，是南北向的大运河、南水北调工程东线调水的唯一通道。下部是涵洞，东西流向的淮河入海水道从这里奔往黄海。

我站在淮安水上立交枢纽工程的桥头堡下，凝视这座标志性建筑。底座为浅灰色花岗岩贴面古城墙，上部为江淮古民居青色屋檐。桥头堡建筑钢索缆桥，犹如彩练当空，将现代工程与淮安古运河文化融为一体，成为淮安水利风景区的重要景观。外形新颖的工程管理综合楼，已成为淮河入海水道管理及水文监控中心。淮河安澜陈列馆，向来人讲述淮河文化。

从一张图上看到，淮河注入洪泽湖再次流出时，已经兵分四路。一路自三河闸起，至三江营入江。二路需泄洪时，分流至里运河。三路苏北灌溉总渠，从洪泽湖口高良涧闸起，东至扁担港入海。这也是淮河入海的一条人工开挖河道。四路淮河入海水道，西起洪泽湖二河闸，东至滨海县扁担港，与苏北灌溉总渠平行。此处的淮河入海水道已经不是真正意义的淮河，而是一条人工河道。

这是因为新中国成立初期修建苏北灌溉总渠时，限于淮河水文资料不足，以及节省投资等因素，无法满足泄洪要求。经历几次淮河特大洪水后，有关部门决定修建入海水道。由于苏北灌溉总渠的河底较高，那就主要管灌溉的事情，新建入海水道就用来泄洪和排放污水。

我乘电梯直达顶端，顿时苏北平原更显辽阔无际，水道河道青碧致远，远远传来货船汽笛悠扬的长鸣。脚下的水路立交更一览无余。左侧的河道是灌溉总渠，右侧河道是入海水道，中间的立交上走的是京杭运河，与入海水道立交，与总渠交汇。

2004年建成使用的淮安水上立交，实现了淮河水道和京杭运河的交叉，既满足运河正常通行，又保障淮河入海水道畅通。历史与现实在此拥抱，运河与淮河在此握手，形成无与伦比的时空绝唱。见惯了城市立交，水上立交则更有一番韵味。

淮安是明清时期重要的漕运枢纽，自古就占据着重要的地理位置。淮河、黄河、运河三河流经并交汇的淮安城，一定程度上代表着中国古代水利技术的最高水平，而当代的淮安水上立交，将运河水利技术推向了一个新的台阶。

哦，好一幅美丽的画卷！

12

来到三合闸管理处，美女导游首先带我们去看铁牛。

这就是闻名的"洪泽湖镇水铁牛"。在一块偌大的铁板基座上，横卧着两只大铁牛，牛筋绷起，牛头高扬，牛眼圆睁，默默注视洪泽湖的方向。

牛身肩肋处，铸有阳文楷书铭文。我附身凝目看到："惟金克木蛟龙藏，惟土制水龟蛇降，铸犀作镇奠淮扬，永除错垫报吾皇。"从铭文得知，铁牛是用来镇水的。

历史上的洪泽湖大堤，屡屡溃决，残害生灵。清王朝广集民工修筑，又相信东方神话，铸造铁牛以期镇水，去除洪害。这里的铁牛是康熙四十年，大司马张遂宁率人铸造。当时铸造了九头牛，取"九牛二虎"之意，比喻力大。

传说铁牛当初铸造的时候，肚内装了金心银胆。铁牛夜间常跑到田里偷吃庄稼，人们举着棍棒一通猛打，却打了铁牛的双角。此后张三和李四贪图钱财，偷摘金心银胆，铁牛再不能行动，也失去了镇水的作用。如今，这铁牛成了洪泽湖一景。

"铁牛镇水"毕竟是神话，而在淮河上崛起的"三河闸"彰显了巨大威力。我的目光从镇水铁牛转移到三河闸桥头堡上，长方形矗立，灰瓦白墙，参差错落，别致实用。走廊里摆放着三河闸工程介绍。

三河闸是淮河下游入江水道的控制口门，是淮河流域性骨干工程，是新中国成立初期我国自行设计自行施工的大型水闸。20世纪50年代，在我国经济、技术条件有限的情况下，动工兴建了三河闸工程，以后陆陆续续做了加固和系统更新。几十年来，三河闸减轻了淮河下游的防洪压力，保证了苏北里下河地区不再受到淮河洪水灾害之苦。三河闸工程拦蓄淮河上、中游来水，使洪泽湖成为一个巨型平原水库，为苏北地区的工农业、人民生活用水提供了丰富的水源。

我乘电梯到桥头堡顶部，一座长近两公里的钢筋混凝土大闸收入眼底。淮河水刀切一样从闸门流过，泛起一线白白的浪花。到机房可见，检修工人正在修理启闭机，63个启闭机列队排列，正连接下边的63个闸门。卷轴上的钢丝绳闪着油光，散发着油香。

从桥头堡下来，伫立在洪泽湖大堤。2014年6月22日，在卡塔尔首都多哈举行的第38届世界遗产大会上，中国大运河入选世界文化遗产名录。而洪泽湖大堤作为大运河58处遗产点之一，正式成为世界文化遗产。大堤青石垒砌，雄伟壮观、蜿蜒曲折。

当地的美女导游已经掩饰不住自豪感，如数家珍：

洪泽湖大堤始建于东汉建安五年（200年），由广陵太守陈登主持建筑，初为15公里，始称"高家堰"。明永乐年间，河漕督运陈瑄在武墩至周桥之间兴工修堤。明万历年间，总理河漕的潘季驯将大堤延筑至蒋坝，至此，洪泽湖大堤基本建成。

大堤一律使用条石砌就，规格统一，数量众多，呈整齐之美，又现浩大之气。导游说，石工墙使用千斤重的条石及糯米石灰浆砌筑，筑工精细，充分显示了我国古代水利建设的高超技艺。洪泽湖大堤的筑堤成库规划和直立条式防浪墙坝工程技术代表了当时世界的最高水平。

导游把高家堰与都江堰做了比较。其建造历史虽然比都江堰晚几百年，但它工程之浩大，效益之深广、灌溉良田之众多，都超过任何古堰。尤其是保障南水北调工程的实施和运行，无与伦比。

眺望洪泽湖，烟波浩渺、一碧万顷，使人流连忘返。

洪泽湖养育着无数江淮儿女，它如同一只从古代飞来的凤凰，今天又担当起南水北调的任务，浴火重生，再现辉煌。

洪泽湖主要受纳和调节洪水，总库容42.5亿立方米，基本和北京密云水库一般大小。它的非汛期调节库容为31.5亿立方米，是系统内最大的调节场所。根据南水北调东线一期工程规划，洪泽湖非汛期蓄水位从13.0米抬高到13.5米，可增加蓄水库容8.25亿立方米，相当于增加了一座大型水库。

"洪泽站是南水北调东线第一期工程的第3级抽水泵站。"他说，工程的主要任务是抽水入洪泽湖，与淮阴泵站梯级联合运行，使入洪泽湖流量规模达到450立方米每秒，以向洪泽湖周边及以北地区供水，并结合宝应湖地区排涝。

古城淮安，南有长江，北有黄河，东临黄海，史籍中称其为"居天下之中""扼漕运之中"。京杭运河、废黄河、盐河、淮河干流在境内纵贯横穿，襟带洪泽湖、白马湖、高宝湖等河湖水域。淮安自古与水联系在一起，这里曾经是漕运总督之所、商贾云集之地，盛极一时。自历史上黄河夺淮以后，水患不断，一度流传"倒了高家堰（洪泽湖大堤），淮扬二府不见面"的民谣。城中心虽然建有"镇淮楼"，以"震慑淮水，保一方安澜"，但是洪水为害更烈。新中国成立后，入海水道、入江水道等工程相继建成，才保障了一方平安。

南水北调工程，又掀开了淮安新的一页！

第三章

告别徐州

13

五年后的 2017 年，我再次来到徐州采访，依然怀念 2012 年 4 月参观云龙湖的情景。

那年那月，中国作家协会与原国务院南水北调办公室举行"南水北调东线行"活动。何建明、黄传会、李春雷、梅洁、徐迅、裔兆宏、靳怀堾、侯全亮、铁流、赵枫莲、赵学儒、荣杰、周舒艺、李晓晨、贾晶晶一行来到徐州。

我们被安排参观云龙湖。

我们从徐州城区乘车向南方徐徐前行，在一湖绿水周围环游，窗外闪过一座座青山。导游介绍，现在我们看到湖东边的山，叫"云龙山"；西边的山叫"韩山""天齐山"；南边的山叫"泉山""珠山"。云龙湖东三面环山，一面临城。云龙湖原名叫"石狗湖"。

作家们感兴趣的是云龙湖为什么叫"石狗湖"，导游却岔开了话题。

云龙湖是国家 AAAA 级风景名胜区。你现在可以看到，湖面烟波浩渺，三面青山叠翠，景区内风光如画，文物古迹众多，旅游资源丰富。云龙湖有十八景，即桃霞烟柳、杏花春雨、荷风渔歌、苏公塔影、石壁留踪、临湖尝鲜、儿童稚趣、寒波飞鸿、长堤雪月、别有洞天、果树盆艺、水上世界、万人游波、湖滨垂钓、沙岛渡闲、云湖泛舟、湖光灯影、索道滑道。

哦，景景生辉，处处诱人。

"为什么叫'石狗湖'呢？"我着急地问。我想，一会进入景区，导游更没有时间回答这个问题了。

导游微微笑一笑说，据《徐州风物志》载："石狗湖，多雨时南山之水尽汇于此，积久不退，昔人作石狗镇之，故名石狗湖。"

另相传，明万历年间，云龙湖边住一老石匠，石匠养一条相依为命的大黑狗。一天大黑狗被一财主打死剥皮为己治病。老石匠悲痛之余到云龙山上找了一块大石头，按大黑狗的模样刻一石狗置于湖边，石狗不仅能看家护院，而且湖涝时能吸水，湖旱时能吐水，百姓旱涝保收，石狗成了神狗。人们为纪念石狗，就把这湖叫石狗湖。

"石狗湖"之名也有四百多年的历史。多少年来，湖虽几经开掘疏浚，但尚未见到石狗，但愿有朝一日，石狗能重见天日。

我们下得车来，步入滨湖公园。眼前，玉缀珠联，风物如画，景景相望，各有千秋。滨湖公园以回归自然为主题，分为东西两园，东园以动为主，青草如茵、绿树掩映，人工作品与自然景观浑然一体。有人悠闲，或散步，或舞剑，或打太极；西园以静为主，欧式建筑别具风采，中式园林独具特点，两两融合，相得益彰。

一个偌大的游泳场出现在眼前。导游说，游泳场能容纳万人同泳，是目前国内最大的内湖游泳场。

走到云龙湖北侧，徐州音乐厅映入眼帘。

徐州市的市花叫"紫薇花"，成为音乐厅建筑的基调。建筑以形如花瓣的玻璃幕墙，层层相叠，到入口处，曲线逐渐展开，形成建筑的入口。

幕墙以曲线分隔出透明的玻璃部分和不透明的金属部分，摹写出紫薇花富于变化、层次丰富的意向。形如花瓣的玻璃幕墙，宛若在水中盛开的花朵，造型奇特的外观，极富现代感。

导游说，这个建筑获得了 2010 年中国钢结构金奖。

我们走过云汇桥，往南门望去，那一片秀丽的小湖泊，就是"小南湖"。云龙湖和小南湖一大一小，很像一个葫芦。小南湖的水来自云龙湖，悄悄从桥下流过。在地面，两湖被一条道路和绿化带隔开，那条道路和绿化带就如同系在葫芦腰间的带子。

小南湖景区水面涟漪微荡、环湖步步布景，以"江南园林"特色的会馆艺苑、水乡人家、小桥流水、名苑流香、荷塘鱼藕为主体景观，形成"静湖幽园"的中国古典人文及自然景观特色。小南湖的水，静静的、柔柔的，透着一种江南小家碧玉的温婉和秀美。

已是黄昏时分，小南湖格外诱人。夕阳西下，它的脸颊或泛着娇媚的潮红，或像块透明的润玉，挂在天幕，落入水中。几条小船，悠闲地从桥下驶过，与黛色的远山相映。青山、绿水、小船，如诗如画。

徐州也是桥的故乡。导游不由自主讲起龙华桥、云汇桥、解忧桥、泛月桥的传说。

导游说，1994 年 12 月云龙湖与杭州西湖结为"姊妹湖"；2013 年 6 月，徐州云龙湖风景区正式申报创建国家 AAAAA 级景区。那一年，举世瞩目的南水北调东线工程正式通水；2014 年 11 月 26 日，徐州云龙湖风景区通过国家 AAAAA 级旅游景区资源景观质量评审；2016 年 8 月，徐州云龙湖风景区获批国家 AAAAA 级景区。

云龙湖，真山真水，山清水秀，湖光山色，山水争辉。北宋文学家苏轼在徐州时，情钟此湖，曾发奇想："如能引上游之水流入此湖，则此湖风光可与西湖媲美，而徐州俨若杭州。"然而，苏轼空有此愿，遗恨千年，到了改革开放的今天，才变为现实。

这里，连接着诸多运河的故事，连接着诸多南水北调的故事，连接着一个污染严重的煤城怎样变成"半城山色半城湖"的生态文明水城的故事。

我即使坐高铁路过，也要寻找那些故事。

14

乾隆曾赐"穷山恶水、泼妇刁民"几个字。我在镇江采访时，镇江人说乾隆指的是徐州；我在徐州却听说指的是镇江。多年后，这个问题迎刃而解。

来到徐州，见证"运河之中、战略要冲"。

中国清初沿革地理学家和学者顾祖禹，在《读史方舆纪要》写到徐州："冈峦环合，汴泗交流，北走齐、鲁，西通梁、宋，自昔要害地也。"汴就是汴河，今被湮没，已无踪影；泗就是泗水，二河在徐州城下交汇，往南流，入淮河。

这里需要强调，泗水是国内为数不多的南北向的河流，自古以来就是南北交流必不可少的黄金水道，历代开凿运河多借泗水之便。泗水和今天的南水北调东中西三线，与长江、黄河、淮河、海河，有异曲同工之妙。不过，泗水是天然河道，南水北调是人间奇迹。

泗水两岸多为山石陡壁，河床深并多石礐，有"铜帮铁底"之称，又河道宽阔，所以东西水运通达，突显了徐州重要的地理位置。徐州逐渐成为黄河沿岸"四方都会"之地，非常重要。

1194 年，黄河夺泗入淮后，黄河 600 余年在徐州行走。明朝和清朝，运河是朝廷的生命线，至关重要。明朝永乐迁都北京后，军队和国家所需，都仰仗东南供给。有文字统计，每年有 400 万石之多的漕粮，经徐州北上。

因为运量之巨，明永乐十三年（1415年），朝廷在徐州设有专司漕运管理的户部分司，建了广运仓、彭城驿及周边驿站，形成以彭城驿为中心，向外辐射的驿道"经络"。当时的广运仓规模宏大，设施完备，管理机构齐全。朝鲜官员崔溥在《漂海录》中说，徐州"物华丰阜，可比江南"。按照今天的话说，当时徐州的经济、文化都很发达。

遥想当年，云帆直挂、百舸争流、河湖相连、一望无涯。

传说，文学名著《金瓶梅》全面记述了徐州大运河的种种特征，利用大量的地理事实和历史事件证明：它所写的故事叙事地点"清河"实是徐州，"临清码头"实是徐州的房村码头。《金瓶梅》留下了难得的珍贵历史资料，既记述徐州是明朝京杭运河的枢纽城市，也记述了黄河南徙给大运河带来的重大的灾难。

现在的研究者把徐州运河分为两个阶段：

第一阶段从明朝京杭运河开通至明朝万历三十二年即1604年，大运河通过徐州的新河口、徐州城、徐州洪、吕梁洪、房村码头，直达邳州、新沂，直至清江；再通过里运河接通京杭运河。

第二阶段从明朝万历三十二年开始至现在，徐州京杭运河改道经由山东微山李家口，通过邳州"泇口"与"泇河"接通，再通过"泇河"东南流至直河口（在今皂河集西）与原运河接通。而且，由于运河已经启动了微山湖西线通道，京杭运河的通道直接经过徐州贾汪区和郊区，徐州境内仍在使用的运河长达200多公里。

历史有很多巧合。我终于知道，孔子"逝者如斯夫，不舍昼夜"的名句，竟然出现在京杭运河上，出现在徐州。

15

史书记载，鲁哀公三年（前492年），一个暮秋的傍晚，孔夫子和弟子们顺泗水而下到吕梁赏水观澜，曾留下"逝者如斯夫，不舍昼夜"的千古喟叹。孔子感叹时间像流水一样不停地流逝，一去不复返。

在徐州运河，有徐、秦、吕三洪，名"徐州洪""秦梁洪""吕梁洪"，即古泗水在徐州的险段，曾被写入史册，被写入诗篇，被写入哲学著作。泗水在徐州城东北与西来的汴水相会后继续东南流出徐州，其间因受两侧山地所限，河道狭窄，形成了秦梁洪、徐州洪、吕梁洪三处急流。

洪是方言，石阻河流曰洪。三洪之险闻于天下，而尤以徐州、吕梁二洪为甚。北魏郦道元《水经注·泗水》有"悬水三十仞，流沫九十里"之说。

徐州洪位于现在徐州市区故黄河和平桥至显红岛一带，古泗水在元朝前地理位置非常重要，是西安、洛阳、汴京古都通往江浙的黄金水道。

秦梁洪得名与秦始皇泗水捞鼎有关，西汉史学家司马迁的《史记》对此段历史有明确记载："禹贡全九牧，铸鼎于荆山之下，各象九州之物，故言九鼎。历殷至周赧王五十九年（前256年），秦昭王取九鼎，其一飞入泗水，其八入秦中。""（始皇）过彭城，斋戒祷祠，欲出周鼎泗水，使千人没水求之，弗得"。秦始皇泗水捞鼎没有成功，捞出个"秦梁洪"的名字。

汉画像石记载了泗水捞鼎的壮观场面。

"吕梁洪"，源自一个"吕"字，而吕之名由来已久。《路史·周世国名记》有"吕国"之记载。北魏郦道元著《水经注》记载："泗水之上有石梁焉，故曰吕梁也……悬涛嘣奔，实为泗险，孔子所谓鱼鳖不能游。又云，悬水三十仞，流沫九十里。"如今，我看到的吕梁，钟灵毓秀，襟山带水，苍翠山岭峰峦叠嶂，清澈湖泊星罗棋布，自然风光兼具南秀北雄的特点。

徐州洪又名百步洪。长约百步，苏轼在徐州时与弟苏辙分别有咏歌百步洪的多首诗词传世，故后人多以百步洪名之，徐州洪反而无人提起了。

宋神宗元丰元年（1078年），苏轼在徐州知州任上，曾经这样描写徐州洪：

长洪斗落生跳波，轻舟南下如投梭。

水师绝叫凫雁起，乱石一线争磋磨。

有如兔走鹰隼落，骏马下注千丈坡。

断弦离柱箭脱手，飞电过隙珠翻荷。

四山眩转风掠耳，但见流沫生千涡。

险中得乐虽一快，何异水伯夸秋河。

我生乘化日夜逝，坐觉一念逾新罗。

纷纷争夺醉梦里，岂信荆棘埋铜驼。

觉来俯仰失千劫，回视此水殊委蛇。

君看岸边苍石上，古来篙眼如蜂窠。

但应此心无所住，造物虽驶如余何。

回船上马各归去，多言譊譊师所呵。

我之所以把长诗抄录下来，因为我比较喜欢这首诗，喜欢的原因基于它从某一方面，道出了人与自然的关系。我参考一些资料，试图对此诗欣赏一下。

前半描写行舟的惊险，后半纵谈人生的哲理。

尽管苏轼写长洪为乱石所阻激，陡起猛落，急湍跳荡。舟行其间，就像投掷梭子一样，就连经常驾船的熟练水手，也会大声叫唤，甚至水边的野鸭，也都惊飞起来。一线急流，和乱石互相磋磨，发出撞击的声响。形容水波有如狡兔的疾走，鹰隼的猛落，如骏马奔下千丈的险坡，这轻舟如断弦离柱，如飞箭脱手，如飞电之过隙，如荷叶上跳跃的水珠，光怪离奇，势难控制。可谓惟妙惟肖、渲染入神。

他借景生情，对人生哲理的揭示：人生在世，生命是随着时光的推移而流逝的，好比逝水一样，在不舍昼夜地流逝着。此处，我感觉苏轼与孔夫子"逝者如斯夫，不舍昼夜"意思相近。其实，无论是哲人还是诗人，或是一般百姓，都会有这种感慨。

但是，我最喜欢诗中所言，人的意念可以任意驰骋，能不为空间时间所限制，一转念的瞬息之间，就可以越过辽远的新罗。"一念逾新罗"是佛家语："新罗在海外，一念已逾"（见《传灯录》卷二三），又发挥了庄子"其疾俯仰之间，而再抚四海之外"的思想（《庄子·在宥》），表明生命虽然会像陶渊明所说的那样"聊乘化以归尽"（《归去来辞》），任听自然去支配；意志倒是可以由人自己掌握，不为造物所主宰。

发展到今天，就是人与自然和谐共生。水，只有适应人类的合理意愿，才是上善的。人类，要按照自己的意志，合理地、科学地支配自然，包括水。

这也正是伟人与众不同的地方。伟人毛泽东在其水调歌头·游泳一词中，又重新赋予了"子在川山曰：逝者如斯夫"崭新的历史和现实意义。1952年他提出南水北调的设想，虽然经过半个世纪的论证和十余年的建设，还是在"逝者如斯夫"中变为现实。

由于黄河河道极其险峻，漕船常有翻没之险，所以万历年间又开挖了由昭阳湖穿夏镇李家口，出镇口，达邳州直河口的迦河。此后，经徐州北上的漕船大为减少，徐州的漕运中心地位略有降低。但徐州"第一要津，两水汇通，连通三沟，四方都会，五省通衢"的重要性还在，南水北调雄伟工程矗立在徐州大地。

多年后，我到镇江、徐州采访，再次提起乾隆曾赐"穷山恶水、泼妇刁民"几个字的事。镇江、徐州的朋友都坦然一笑。这句话现在说哪里都不重要，因为那里既不是"穷山恶水"，也不是"泼妇刁民"。

"我们参观蔺家坝站吧，那是南水北调东线工程的第九梯级抽水泵站。"他说。

16

车子开到铜山县境内，远远望见绿水淙淙的大渠，远远望见崛起的泵站厂房。

他介绍，蔺家坝站是送水出江苏省的最后一级抽水泵站。主要任务是通过不牢河线从骆马湖向南四湖，实现调水每秒 75 立方米的目标，改善湖西排涝条件。泵站主体工程装机 4 台套（其中 1 台套备用），采用后置灯泡贯流式水泵机组，设计净扬程 2.4 米，总装机容量 5000 千瓦。

一渠汩汩清水，带着蔺家坝泵站建设者的自豪，在这里提升，继续往高处流，奔齐鲁大地而去。

而蔺家坝，在历史上就是一个"坝"。

蔺家坝位于微山湖湖西，是京杭运河徐州段的北起点、徐州古运河河道的第一站。蔺家坝交通位置十分重要，又控制了南四湖存水量，还是保证徐州工农业生产用水的通道。

有关资料记载，明代的时候，蔺家坝是微山湖唯一的出水口，伽河开凿并通水之后，蔺家坝和韩庄闸，共同担起节制微山湖水量的重任。清朝康熙二十五年（1686 年），开始开挖中运河，这样京杭运河就摆脱了从徐州城下至清江口"以黄代运"的被动局面，之后又疏浚荆山口河，开通不牢河，京杭大运河日益通畅。

但是，黄河连年水患，河床越来越高，河堤不断决口，黄沙日益淤塞，至咸丰五年（1855 年），黄河改道，从此北移。到了光绪年间，黄河以北至临清段运河，几乎全部淤成平陆，只有部分湖泊显露水光。渐渐，中运河不见帆影，归于沉寂。之后，战事连年，洪涝交织，灾害频繁，河道失修，京杭运河近于断航。部分河道，逢丰水季节，偶见小船往来，成独特风景。

当地人说，以前，这里有条河，有个姓蔺的人在河上修了个小坝，自已撑船载附近的居民渡河，蔺家坝之名由此得来。以前，蔺家坝一段运河也叫运盐河，附近就是一片白茫茫的盐场。以漕船运粮北上，运食盐南下，一上一下、一粮一盐、往来南北，形成国家经济命脉。

然而，那一上一下、一粮一盐、往来南北，确实十分艰难。当年，船过闸坝，因为没有升船机等先进设备，船只过往要靠丁夫牵船，有时还要抬挑过闸。有关资料记载，每闸固定几个丁夫，负责船只过闸。丁夫，曾经是一个数量庞大的群体，也是一个产业，维系运河边一些人的饭碗。

如今，一座现代化的蔺家坝泵站，矗立在古老的运河上。

"蔺家坝泵站作为低扬程大流量的泵站工程，泵站效率是工程建设的关键问题，其技术难度和要求都很高。"他说，建设管理处在建设管理过程中，为提高泵站效率，采取理论研究、组织专家现场考察等措施，对设计方案不断优化，最终泵站模型试验数据显示，在平均扬程 2.08 米的工况下，泵站效率为 75%，达到了国内领先、国际先进水平。

"蔺家坝泵站在技术创新方面也同样有着自身的优势。工程建设过程中的流道混凝土防裂是主要技术难点之一。"他说，为保证工程质量和安全，建设管理处在招投标过程中针对这一技术难题对施工单位提出具体要求，并组织专家进行研究，确定了具体的施工方案，有效解决了这一难题。

"南船北马"，从某一方面说明中国南北方的文化特征。南方水多，交通自然靠船；北方水少，代步习惯用马。但是，大运河的开通，使得原来策马扬鞭的北方人也摇起了船桨，过起了靠水吃水的生活。再到南水北调，当时毛泽东主席提出"南方水多，北方水少，借一点来也是可以的"，如今已经美梦成真。

徐州，完成了从"一城煤灰半城土"到"一城青山半城湖"的嬗变。

17

徐州，以煤城闻名。

在大量煤炭源源外运的同时，数以千计的塌陷地穴留在了这里。与之而来的，还有对环境的巨大挑战，"天灰、地陷、河流污染"是当时的写照，"一城煤灰半城土"是当时的标签。

"根据有关调查，全市采煤沉陷地37.83万亩，其中沉陷深度大于1.5米的面积高达22.56万亩。"他说，这些因采煤而造成的"地球伤疤"，一度成为徐州生态环境的痛点。

在资源日趋枯竭、生态破坏严重的现实面前，偿还生态债务谈何容易，面积巨大的采煤塌陷地是一道绕不过去的坎。然而，徐州人矢志转型，以生态修复和绿色发展走出了一条通往未来之路。

"那时的徐州是煤城，到处黑乎乎的，天是黄的，树是枯的，水也是浑的。现在，你到城区任何一个地方，天蓝水清，满眼绿色。"他说。

从"一城煤灰半城土"到"一城青山半城湖"，南水北调，功不可没！

徐州市的嬗变得益于自2013年起开展的国家级首批水生态文明城市试点建设，也得益于南水北调东线工程的建设实施。应该说，徐州的嬗变是逼出来的。南水北调"三先三后"之"先治污后通水"，倒逼徐州市深化治污，必须走老工业基地和资源枯竭型城市水资源修复与保护的新路子。必须走生态文明的新路。

自2013年南水北调东线工程建成通水以来，徐州市境内工程统一调度，联合运行，向山东省调水数十亿立方米，充分发挥了工程效益，使齐鲁大地绿意盎然。

他说："南水北调之前，微山湖在一般年份是蓄不满水的。通水后，微山湖多年维持在最低生态保证水位31.05米左右。"

多家媒体曾经报道，2014 年 7 月 29 日，微山湖（南四湖）上级湖水位 32.76 米，下级湖水位 30.77 米，总蓄水量不足 2 亿立方米，出现了入汛以来的最低水位。为保护南四湖水资源和水生态安全，保障渔民生产生活，维持社会稳定，南水北调东线工程立即启动，调引长江水，为南四湖下级湖应急补水，解了燃眉之急。

"过去吃水全部依靠地下水。"徐州人说。

他说，南水北调工程建设以来，徐州市深化微山湖小沿河水源地保护，实现了全方位水量、水质在线监测，完成了生态修复工程建设，有效提高了水体自净能力和抗干扰能力。建成了骆马湖水源地及徐庄水厂，实施骆马湖水源地、小沿河水源地达标建设，市区形成了"南有骆马湖、北有微山湖、内有地下水"的三水源供水格局，彻底扭转了长期依赖地下水的局面。

目前，骆马湖水源地及徐庄水厂工程日供水规模达 80 万立方米。以水源地、原水、水厂、清水工程建设为骨干，徐州启动实施了总投资为 86.5 亿元的城乡供水一体化建设，全市千万人民群众直接受益。

而南水北调尾水导流工程成为沿线 20.37 万亩农田灌溉丰收的重要保证，确保位于国家重要的黄淮粮食主产区、江苏省的农业大市的徐州市粮食稳产高产。

他介绍，南水北调尾水导流工程全长 170.28 公里，利用新建控制性建筑物和老河道，穿越徐州 6 个县（市）区。规划将不牢河、房亭河、中运河邳州段 3 个控制单元内 8 个污水处理厂的尾水集中收集导流，由新沂市大马庄涵洞导入新沂河，有效减少沿线尾水排入运河河道，提升和保障所调长江水的水质。

"尾水导流工程原有的规划功能目前已经发生了深刻变化。"他说，对于徐州这个缺水型城市来说，尾水也是宝贵的水资源，必须充分利用起来，才能发挥出南水北调工程的最大效益。

如何充分利用尾水？徐州的做法是，在工程运行管理上采取了市场化运作，委托有经验的管理队伍参与工程维修养护，确保导流工程水质；建立健全规章制度，严格控制水质检（监）测标准，建立水质预警体制，加强部门协调联动，加大对排污企业的监督力度，确保导流排污口水质稳定达标。

"徐州市截污导流工程原设计导流量为每日 49.23 万吨，目前实际收集导流的尾水量为每日 36.86 万吨。"他说，经过中水回用、城市景观用水、农田灌溉、河道调蓄、汛期排涝等层层"瓜分"，每年混流进入新沂河的尾水量约为 2000 万吨，平均每天 5.48 万吨。这与审批的尾水每天入新沂河 41.09 万吨有着天壤之别，尾水基本上被"榨干吃净"了。

资料显示，从 2010 年开始，徐州市下大力气，搬迁关闭了丁万河沿线近 100 家小化工企业；2011 年，又关闭沿线小码头 17 家、煤场几十家、养殖场近万平方米。2012 年，投资 4.3 亿元的丁万河水环境综合治理工程被列为徐州市政重点工程，疏浚河道、沿线绿化、建桥铺路……随着一系列工程的实施，到 2013 年，昔日的"龙须沟"已摇身变为"徐州最美河流"之一。2015 年，丁万河入围全国首届"最美家乡河"，跻身国家水利风景区行列。

丁万河是徐州市近年来大力治河造湖的一个缩影。

他带我参观丁万河，见绿波荡漾，船来船往。丁万河，系徐州市西北部故黄河重要的分洪道，连接京杭运河，全长 12.5 公里，同时还承担着城区段故黄河、云龙湖补水的任务。然而，历经近 30 年的运行，河道淤积严重，两岸污水随意入河，垃圾遍布，一度成了"龙须沟"。

从 2010 年开始，鼓楼区就以壮士断腕的勇气，对丁万河沿线近百家化工小企业搬迁关闭，从源头上切断工业废水污染问题。相关负责人说，2011 年，又关闭了沿线的小煤码头 17 家，迁移关闭附近的煤沙堆场几十家、养殖场近万平方米，为整治丁万河做好了前期准备。

2012 年，丁万河水环境综合治理工程被列为徐州市市政重点工程。投资 4.3 亿元，疏浚河道、沿线绿化、建桥铺路等，随着一系列工程的实施，到 2013 年年初，这个昔日的龙须沟，已经变身为"徐州最美河流"之一。2014 年，丁万河水利风景区荣膺省级水利风景区；2015 年，顺利通过水利部专家评审验收，跻身国家水利风景区行列。与丁万河的治理一样，奎河、三八河、徐运新河、荆马河等城区内河道也都发生了脱胎换骨的变化。

如今，徐州已完成了河湖水系连通及综合治理、南水北调清水走廊尾水导流利用、矿坑塌陷地综合治理、非常规水源利用、水源地保护、湿地生态保护与修复等六项示范工程建设，先后建成云龙湖、故黄河、艾山九龙、潘安湖、金龙湖、丁万河等 6 处国家水利风景区，小南湖、九里湖、督公湖、大沙河、凤凰泉等 19 处省级水利风景区。

我了解到，水生态城市建设试点期间，徐州实施了 90 个项目，累计完成投资 113.5 亿元，收到了良好的生态效益、社会效益和经济效益。

有了水的支撑，城市生态环境好了，吸引了众多人口前往城市集中，徐州经济发展活力四射。如今，徐州被定位为国家历史文化名城、"一带一路"战略重要节点城市、全国重要的综合性交通枢纽城市和淮海经济区中心城市，徐州工程机械制造、物流、新能源材料生产基地等三大产业已经快速崛起，正向着全面建成小康社会迈进。

徐州人尝到了绿水青山就是金山银山的甜头。他们精心呵护好南水北调之水，并将一江清水淙淙送北方。

下一站，山东。

第四章

齐鲁见闻

18

来到济南，来到"泉城"。

"泉城"济南素以泉水众多而著称，有"济南泉水甲天下"的美誉，历史文化深厚。早在商代甲骨文中就有"泺"（趵突泉）的记载，《春秋·恒公十八年》有"公会齐侯于泺"的记载。

我站在泉边，见市民拿着水桶接水，或从泉池提水。泉水如练，发出"哗哗"的声音，与接水提水市民们的笑声附和在一起。护城河岸排排绿树，倒映在水中。有小船往来，船上的人寻找水中的废物。河上小桥，独成风景。

他说："趵突泉水位近期稳定在28米左右，在降水量偏少的当下实属难得。"

济南，一座北方名城，老舍先生曾以《济南的秋天》一文，给美丽的济南锦上添花。然而，因为北方水少，又逢干旱，泉城曾一度仅剩几滴"泪水"。干涸的泉城，呼唤保泉行动。

"在保泉的过程中，济南在努力开源，通过五库连通工程'广蓄水、储客水、保泉水'进行生态补源。"他说，自"五库连通"延伸工程投用后，对泉域补给区五大渗漏带精准补源，多水源、多点生态补水，并打通了生态补源的"最后一公里"。此外，实现泉水"先观后用"的大明湖弃水"北水南调"工程让弃用的泉水也实现了补源。

的确，济南地处中纬度地带，属于温带季风气候，与不少北方城市一样，济南市需要面对全年降水不均的实际。从保泉角度来看，济南需要用更多水源，弥补"看天吃饭"带来的秋冬春季少雨的"先天不足"。这时，结合南水北调建设的"五库连通"工程，大显身手。

"五库连通"工程是济南市南水北调续建配套工程的重要组成部分。工程利用卧虎山、锦绣川两座水库的地表水源以及黄河水、长江水客水资源，通过改造、新建供水线路，实现向南郊和分水岭2座水厂，兴隆、浆水泉、孟家3座水库和兴济河、全福河、洪山溪、大辛河4条河流补水。

"五库连通"工程为济南市源源不断输送"甘霖"。

济南市民记得，在保泉形势严峻情况下，通过济平干渠和玉符河——卧虎山水库调水工程的输水通道，每日调引30万立方米长江水，其中8万立方米通过"五库连通"工程对玉符河渗漏带生态补源。在满足生态补水需要的同时，每天向卧虎山水库调水15万立方米，作为将来生态补水、生活用水、农田灌溉的储备水源。

从济南市驱车向南部山区行驶25公里，见到卧虎山水库。四周群山逶迤，中间一泓清水。水波荡漾，水鸟嬉戏。卧虎山水库也称镜儿湖，在锦绣川、锦阳川、锦云川三川汇流的玉符河河口，属黄河水系。它始建于1958年9月，后经改建、扩建、续建和除险加固工程达到现在的规模。水库流域面积557平方公里，是济南市唯一的大型水库。

如今，它成为"五库连通"工程的"领头羊"。

他说："在开源上，通过南水北调的济平干渠和玉符河——卧虎山水库，一个调水年度可以调用5000万立方米的长江水。此外，还能相机调引黄河水进入卧虎山水库。"

五库连通工程中，玉符河河道有玉符河渗漏带，孟家水库附近有龙洞渗漏带。同时，通过济平干渠和玉符河——卧虎山水库调水工程输水通道，和工程沿线的龙门泵站、南康泵站和兴隆泵站提水，能实现向下游的兴隆水库、浆水泉水库和孟家水库引水，最大日调水能力能达到 5 万立方米。

"五大水库实现了连通，并且五库连通工程与南水北调济平干渠连通后，实现了水资源的联合调度。长江水、黄河水、水库中存蓄的地表水可以根据需要进行调度。"他说，三种水源联合调度，能实现丰库调剂，枯水期调用外水，丰水期存蓄雨水，进行地下水的补充，促进市区泉水喷涌。

泉水"先观后用"，大明湖弃水补源，成为南水北调通水后，济南市水生态"秘诀"。这样形成了利用客水、地表水补源外，喷涌观赏之后，泉水汇集至大明湖，形成了大明湖湖水。大明湖湖水则通过大明湖的北水门外流，最终流向小清河。

"原先清澈又珍贵的泉水出了大明湖流向小清河后，就难以利用。"他说，在 2013 年前后济南市建成泉水"先观后用"工程，在大明湖北水门附近设置提水站，对大明湖弃水进行回用。由北向南，大明湖弃水从铁公祠附近的北护城河、济大路北、舜玉路北、南郊水厂院内的提升泵站四级加压，一路通过北护城河、西圩子壕、玉绣河、舜玉路、历阳河管线调至南边的历阳湖；另一路则通过玉绣河、八里洼路、舜耕路、兴济河、石青崖河、南外环至兴隆桥兴济河，实现对历阳湖强渗漏带和兴济河渗漏带进行生态补源。此外，水流从历阳湖顺着地势向北，流向省中医院附近的南圩子壕、普利门附近的西圩子壕，增加了沿线的生态水景。

济南人把这一调水工程称为"北水南调"工程。

数字显示：自 2013 年 10 月运行以来，2014 年和 2015 年相对干旱，每年生态补水约为 1100 万立方米，2016 年和 2017 年相对平稳，每年生态补水约为 1500 万立方米，4 年的总下渗量已经达到 3200 万立方米。

山东省有关负责人感慨，南水北调工程对于泉城济南的补源保泉做出贡献。济南市依托南水北调干线工程和配套工程，实施了"五库连通"工程，构建了济南市的大水网体系。2013 年通水以来，通过南水北调济平干渠和配套工程，向济南南部山区玉符河、兴济河、大涧沟强渗漏带调引长江水、黄河水等各类水资源补源保泉，有力保障了济南市泉水持续喷涌，保持了济南泉城名片形象，得到全社会的广泛认可。

19

2012 年初春，我随中国作家南水北调东线行走，曾踏上山东这块热土；2013 年深秋，正当山东段试通水之际，为了完成长篇纪实作品《圆梦南水北调》的写作，我再次来到这里采访；2017 年，原国务院南水北调办举办"南水北调一生情"建设者代表回访考察活动，再次来到"好客山东"。

梁山是我一直想去的地方。因为南水北调中线路过梁山，所以我的愿望终于成真。2012 年版梁山故事来到眼前。

路上，难以抑制激动的心情，时而唱起"大河向东流哇，天上的星星参北斗哇，说走咱就走哇，你有我有全都有哇……"那种豪情、豪迈、豪放、豪爽的英雄之气回荡心头。

登上梁山，步步前行，呼保义晁盖、及时雨宋江、玉麒麟卢俊义、智多星吴用、入云龙公孙胜、豹子头林冲、花和尚鲁智深、行者武松等形象历历在目，战鼓催响、战马嘶鸣，犹在耳边；杀人或被杀的场面，出现在眼前。

其实，我很胆小。

恰恰，陪同采访的小杨买了一把桃木剑，递给我。他说："这儿死人太多，阴气很重，用它辟邪。"这让我更有点毛骨悚然。

恰恰，当晚安排在梁山住宿。

《水浒传》中，曾有杀人、吃人肉包子的场面，很恐怖。在十字坡，武松看到孙二娘饭店的后厨有被杀的人，白光光的身子，或一条大腿放在案板上，或者上半身挂在木桩上，血水滴答滴答落到地上……惨不忍睹！

曾在这里吃饭，客人问服务员，有什么主食？

服务员回答："人肉包子。"

所有人听了一惊。

包子端上来，掰开，包子馅却是虾仁和五仁的。我们明白了。"人肉包子"乃"仁肉包子"。

当时梁山老虎吃人的事也是很可怕的。

那天我们刚刚吃过午饭，带队的团长——著名作家黄传会严肃又幽默地说："近日多有大虫出没，早晚伤人，我们还是及早上路吧。"

大家一笑，轻松很多。

可是，晚上住宿梁山，我还是心有余悸，虽然现在是太平盛世。

深夜，突然有人敲门，声音又重又急。

不敢应声，不敢开门。

来人敲了一阵，见没人理会，走开了。

我从"猫眼"窥视，两个人，一高一矮，矮个子腋下夹了一个圆圆的东西，碗口粗细，三尺长短，好像梁山英雄矮脚虎王英的微棍！

我的头发胀，再不能入睡。

仗胆打开灯，翻一本《游在水泊梁山》的书，发现"八百里水泊存亡之谜"的文章，顿时来了精神。

我曾写了篇文章《水往高处流》，其中写到梁山的部分内容。我们副主编看后，很遗憾地问："为什么没有写梁山泊的出现和消亡？"他的意思是，我们这些搞水利新闻的，应该告诉读者梁山泊存亡的事。

此刻，我终于找到了依据。

这本书的编者是张玉生，任梁山水浒研究院院长、中国水浒学会副秘书长、山东省水文化交流中心理事。他的著作相当有权威性。

原来，梁山泊除受黄河改道、决口泛滥的影响外，还与汶河、古济河、五丈原河以及京杭运河的开发整治密切相关。

自周定王五年（前602年）起，黄河下游大改道26次。其中，流经梁山县境6次。汉元光三年（前132年），黄河在瓠子口（今河南濮阳西南）决口，滔滔洪水自西而来，奔向东方的巨野泽（北部属梁山县境），行河长达23年之久。这是黄河第二次大迁徙，也是黄河洪水侵袭梁山县境的开端。此后，从汉朝到1949年，两千多年的时间里，梁山境内水患不断，滞洪时间或长或短，尤其北宋时期最长，达八九十年，近一个世纪，所以它成为当时远近闻名的"水乡"。

从金、元时期开始，梁山泊不断遭受黄河洪水的侵淤，地面逐渐抬高，湖泊面积逐渐缩小。到金世宗大定二十一年（1181年），出现大片耕地。元朝至元初年（1264年）梁山泊淤垫，残留部分在梁山的东南形成了南旺湖。南旺湖包括四个湖，即南旺湖、马踏湖、蜀山湖、马场湖，它与安山湖一起总称北五湖，与微山湖、昭阳湖、独山湖、南阳湖等南四湖相对应。京杭运河南北贯穿南旺湖，与微山湖相接。到了元朝至元二十六年（1290年），元统治者组织开挖了由安山至临清的会通河，出现"会通帆影"的繁荣景象。后来，会通河被黄河水渐渐淤垫。

到了清咸丰五年（1855年），黄河来了个历史性巨变。由几千年滔滔向东南奔流入大海，在河南省兰考县西北方突然折向东北方了，夺了大清河河道流入了大海。由于黄河水势较大，挡住了大清河水往北流的路子，汶水便蓄滞于安山湖。汛期黄河水更是顺着大清河河道倒漾入湖，湖面日益增广，给当地老百姓造成了严重的灾难。

新中国成立后，黄河得到治理，提高了梁山县境内的河道泄洪能力。梁济运河北接黄河，南至五里堡出境，全长48公里，成为县境内与淮河流域相通的排水通道。东西两侧的排水河大都垂直于梁济运河，形成了羽毛状水系。昔日的八百里水泊便永远消失，不再复现，只成了梁山泊一段水汪汪的历史。

原来如此。

在早饭桌前，突然遇到了昨晚敲门的两个汉子。

他们介绍，他们是昨晚从德州大屯水库赶来的，来找一位总工程师，研究刚刚建成的大屯水库蓄水过程中可能发生的情况及处理方案。一直到天亮，问题解决了。两个人的眼睛里虽然带着血丝，脸上却是充满微笑。

那个小个子腋下夹的却是一卷图纸。

我歉意地笑笑：不该将他们当做"歹人"！

俩人听说我是作家，连连说："您一定要好好写写梁山，这儿可是出英雄的地方！"

我点点头。

突然感悟：梁山好汉与南水北调建设者都是英雄。梁山好汉是被动英雄，官逼民反，不得不反，舍身求义，追求社会公平；南水北调建设者是主动英雄，在改革开放的浪潮中，在实现中华民族伟大复兴的中国梦的感召下，用实际行动解决我国水资源分布不均的问题，实现全国水资源的优化配置。

南水北调，为大运河穿境而过的梁山，再添生机。

20

"运河岸边柳啊，

随波天上流，

沿着堤岸走呀走。

一溜十呀么十八口……"

时至今日，行走南水北调大渠边，有谁能记起这首古老的运河民谣。

"南水北调东线工程沿梁济运河嘉祥县进入梁山县，在韩岗镇的司垓村西建邓楼提水站入柳长河，在梁山县主干线长度 36.5 公里。"他说，南水北调东线梁山段涉及四个单元工程，分别是：梁济运河输水工程、柳长河输水工程、邓楼提水泵站工程、灌区影响处理工程，共涉及梁山县 7 个乡镇 130 个行政村。

数字显示，柳长河工程长度为 19.26 公里，涉及 5 个乡镇 37 个行政村；梁济运河工程境内长度为 17.24 公里，涉及 4 个乡镇 38 个行政村；邓楼泵站系东线工程的第十二级提水泵站，涉及 4 个乡镇 5 个行政村；灌区影响处理工程涉及 7 个乡镇 60 个行政村。南水北调东线一期工程在梁山县段按三级输水航道设计，代表船型为 1 顶 2×1000 吨级船队，输水流量 100 立方米每秒。

南水北调东线工程在梁山县共永久征用土地 7735 亩，临时用地 7086 亩，清理各类树木 57 万棵，拆除各类房屋 1.6 万平方米，搬迁户数 86 户，搬迁人口 468 人，迁建高压电力线路 115 处，迁建通信线路 106 处，完成总征地移民资金 6.6 亿元。

"因组织到位，领导有力，精心组织，梁山县人民政府于 2010 年 6 月被原国务院南水北调办公室表彰为'南水北调工程征迁工作先进集体'。"他告诉我。

南水北调东线工程梁山段工程概况是：

梁济运河段采用现浇混凝土板衬坡不衬底，渠底换填水泥土，设计河底宽 45 米，设计河底高程 31 米，为平底，底宽 45 米，设计最小水深 3.4 米。梁山县境内重建交通桥 10 座，加固提排站、涵洞、引排水沟、渠连接段处理工程 36 处。

南水北调柳长河输水与航运结合工程线路长21公里，在梁山县境内19公里。输水流量100立方米每秒，设计最小水深3.2米，设计河底宽45米，设计河底高程33.2米，采用现浇混凝土板衬坡不衬底，渠底换填水泥土。新建、重建交叉建筑物63座，包括公路桥5座、生产桥8座、节制闸1座、排涝闸2座、排涝站27座、涵闸16处、连接段1处、倒虹2座、渡槽1座。

邓楼泵站是南水北调东线工程的第十二级抽水梯级泵站，位于梁济运河和东平湖新湖区南大堤相交处，韩岗镇司垓村以西，司垓闸以东，工程主要任务是自梁济运河提水穿东平湖新湖区南大堤入柳长河，设计流量为100立方米每秒。邓楼泵站枢纽工程包括主厂房、副厂房、引水渠、出水渠、引水涵闸、出水涵闸、梁济运河邓楼节制闸、变电站、电站防洪围堤、办公生活福利设施等。

引黄灌区影响处理工程主要为解决因南水北调利用梁济运河、柳长河输水而造成引黄灌区40.01万亩耕地失去灌溉水源的不利影响，规划建设灌区影响处理工程……

"南水北调正是利用了原来的大运河河道。"他说，梁山县境内的大运河流淌700多年了，尽管现在日渐衰退，但是关于大运河与梁山的辉煌历史和一些美丽的传说还在民间流传着，大运河给梁山带来的繁荣和兴旺至今还延续着。

大运河像个慈祥的老者，默默注视着这个世界。

从凤凰山上看梁山全景，群山逶迤、绿水淙淙，高楼崛起，道路四通八达。京九铁路梁山大桥横跨黄河，桥上车流穿梭，桥下河水滔滔。

1949年，梁山建县，与共和国同龄，原来的郓长、东阿、东平、汶上和郓城等县的边沿地带组成梁山县。1952年，梁山县属菏泽专区；1958年，梁山县改属济宁专区；1959年，梁山县复属菏泽专区；1990年，梁山县划归济宁市。1985年，梁山县的8个乡全部或部分划入东平县。东平湖也由东平县统一管理。

曾经，八百里水泊，惊涛拍岸。关于当时梁山泊的记载，寿张旧志中说："黄河环山夹流，巨浸汇山足，即桃花之谭，因以泊名，险不在山而在水也。"正是"周围港汊数千条，四方环绕八百里"。那本厚厚的《水浒传》，传出马啸和杀声，溢出酒味和肉香，透出义勇和豪气。

京杭运河贯通是在元朝统一中国后。从此，它从梁山流过一百多里，贯穿梁山全县，连接全国南北。元末明初，由于黄河改道，梁山泊水面减少并北移，余波形成安山湖和南旺湖。这时，梁山大部分地方退水还耕，明朝大量移民从山西洪洞县至此拓荒，梁山得到开发，出现了经济繁荣的盛况。

大运河上，百舸争流；大运河岸，商旅如云。

公元1391年，燕王朱棣迁都北京。为保障南北大动脉的畅通，在朱棣命令下，工部尚书宋礼、南旺镇老人白英等人疏通了济宁、梁山以及向北的一段运河。当时，堤坝上微风习习，杨柳依依，堤坝内粮船和商船来来往往。至今，民间流传着"宋家的河，白家的水，潘家的闸"一说。

明永乐九年，即1411年，会通河重开，从济宁经梁山到临清的里运河河段，成了京杭运河历史上配套最完整、航运最便利的一段。资料显示，当时运堤大坝宽100多米，高30多米，连最高的桅杆也露不出坝顶，深度和宽度能保证载重100吨的大船通行。

然而，到了1638年，梁山遭受旱灾、涝灾、瘟疫，"井泉竭，野无寸草，人相食"。1855年，黄河在河南兰阳铜瓦厢决口后改道，于下十里堡穿过运河往东北入海，把山东运河拦腰斩断，给漕运造成很多困难。光绪二十年即1894年漕运停止。

"尽管灾难重重，但作为经济命脉的运河带来的梁山繁华，一直延续了500多年，直至清末海运的兴起。"他说。

新中国成立后，中央及地方政府十分重视大运河的管理和疏通开发。1955年，梁山县圈洼地为二级湖，废除从济宁到代庙的运河河段，在二级湖西侧新挖梁济运河。1959 年、1964 年、1967 年先后疏浚河道，1970 年，梁济运河通航。1980 年因河道淤积停航。

1989 年至 1993 年，分三期完成全河道的治理。十万民工重新扩挖、治理梁济运河，从此，黄河之水顺利南下，流入已快干枯的济宁南四湖，为济宁市送去了水的润泽。1965 年至 1972 年，梁山运河段共建各种建筑物 66 座。

梁山一带经济真正得以重建并获得发展，是在明朝重浚京杭运河以后，正是在这一时期，梁山一带开始接纳全国各地移民，经济发展遂从沿运河一带辐射开来，"五行八作"、集市庙会等遂之应运而生。所以，目前梁山一带的村庄，95% 建立在明朝以后，并出现了依托运河而发展起来的无数繁荣名村。

借南水北调开通京杭运河航运功能，正是专家们的希望，也是梁山人民的祈盼。当我看到长江水畅通在古老又崭新的大渠时，不由得为京杭运河点赞，为南水北调点赞！

21

2012 年，我到山东台儿庄时，南水北调大渠还没有通水。

"看长城到八达岭，看运河到台儿庄"。这是台儿庄打造旅游品牌的响亮口号。这句口号中，突出了伟大的长城和运河。长城和古运河是中华民族两个伟大的工程，如果说长城是中华民族不屈的脊梁，那么大运河则是中华民族流动的灵魂。

我对台儿庄的印象，最为深刻的当是血战台儿庄的故事。

1938 年 3 月，日本侵略军派精锐部队进攻台儿庄。中国军队第五战区司令长官李宗仁指挥军队在台儿庄与日军展开激战。在不足 10 平方公里的范围里，敌我双方血战 16 天，美丽的运河小城体无完肤，尸横遍野，日军的钢盔堵塞了运河的水流，运河水为之染红。中国军队取得了闻名中外的台儿庄大捷，从此台儿庄被誉为"中华民族扬威不屈之地"。

我在台儿庄大战纪念馆观看了纪录片，再次目睹了台儿庄血战的画面，由衷敬佩中国军队英勇抗敌、为国捐躯的伟大精神。

因为从事水利工作，所以我对台儿庄的大运河更感兴趣。

《台儿庄区志》说，这段弯道"西起微山湖口，东至鲁苏交界处入中运河，全长42.5公里，流域面积3.35万平方公里"。这段弯道连接了中国南方和北方的运道，成就了运河古镇台儿庄，就像在美丽富饶的鲁南大地上打了一个漂亮的蝴蝶结，从而使运河古镇台儿庄与古老的京杭运河连为一个不可分割的整体。

台儿庄古城有着千年运河上最完整的文化体系和古河道，城内还保存着大量的古建筑、水堤、码头、水门，是明清时期保留最完整的一段，也就是"活着的古运河"。正是借了古运河的灵气，在南水北调工程实施之际，一个巨资打造的"天下第一庄"让人穿越历史的时空，领略400多年前的古镇风情。

让我惊奇，中国的大运河整体上是南北走向，也称"南北大运河"，到了鲁南枣庄段却成了东西走向，而且河水东流，与长江、黄河并行不悖。现在的台儿庄运河是1958年改道后形成的，当时在台儿庄区还留有3公里保存完好的古运河，因为很像月牙儿形状而被称为"月河"——这是最后的古运河之梦。

如今，这里早已不仅仅是一条"黄金水道"，它传承着古老的运河文化，是南水北调东线上一条亮丽的风景线。那气势如虹的台儿庄运河大桥与节制闸，蔚为壮观的台儿庄二线船闸与南水北调提水泵站，蜿蜒绵长的运河大堤、防波石岸、蓄洪坝，浩浩渺渺的沿河湿地，百舸争流的十里港湾，构成国内罕见的水利奇观。

站在台儿庄运河岸边，能够看到一艘艘满载货物的轮船正在通过船闸，缓缓而行，古老的大运河焕发了青春。

我关注的，当然还是这里的水质。

生活在运河边上的台儿庄人对大运河充满着深深的依恋，许多上了岁数的老人曾经见过运河上小船穿梭、纤夫拉纤的情景，见过河水清清、鱼游河底的情景，见过二十多年前的运河边杂草丛生、河道内垃圾成堆的情景，甚至远远闻到过腐烂的河道传来的呛鼻的臭味，如今他们见到了经过南水北调工程治理，水又重新变得清澈了，水量也大了。

古运河已成了台儿庄人生活的一部分。

我重点采访的正是这里的台儿庄泵站。

"台儿庄泵站工程为南水北调东线工程第七级泵站，也是山东境内第一级泵站。"他说，它主要任务是抽引骆马湖来水通过韩庄运河向北输送，结合排涝并改善韩庄运河的航运条件。设计台儿庄泵站能够将水提高4米左右，每秒向北方输送水达125吨。

南水北调东线泵站群，是亚洲最大的泵站群，也是南水北调难度较大的工程之一。台儿庄等泵站的建成，标志着大流量、低扬程泵站群设计、施工技术已经成熟。抗日战争时期，中华儿女在这块"中华民族扬威不屈之地"取得了闻名中外的台儿庄大捷，今天的南水北调建设者在这里奏出了强国复兴的凯歌。

开工建设于2005年的台儿庄泵站，2009年已通过试运行验收。从那时起，每隔两个月，这里的变电站、进出水闸、五台立式轴流泵等主要设备，就需要定期维护运行一次，以保障各机组的良好状态，为调引长江水进入山东做好万无一失的准备。

2013年深秋，长江水进入山东的第一关，来到这里。

台儿庄泵站与万年闸泵站、韩庄泵站一起，组成了调水进入南四湖下级湖的三级泵站。加上南四湖上的二级坝泵站和两湖段干渠上的长沟、邓楼、八里湾等泵站，共同组成了山东境内的调水心脏。

南来的长江水，在山东被这七级泵站逐级提升，然后沿着宽阔整洁的输水干线继续北上、东进……南水北调工程沿线的一个个项目单元，恰如跃动的脉搏，泽润广袤的齐鲁大地。

让丰盈长江水来到干渴的北方的，有那些人、那些泵站、那些渠道，还有默默做出巨大贡献的大运河！

22

济宁，运河之都。此"运河之都"，非淮安的"运河之都"。

济宁古运河，俗称济州河、运粮河，是鲁运河的一部分。京杭运河流经济宁二百多公里，将济宁城区、南阳古镇、微山岛、独山岛、南旺分水龙王庙、中都佛苑等重要区镇和旅游景点串联，如今既文化内涵丰富，又旅游资源密集。无疑，南水北调工程使这长长的文化遗产廊道起死回生、生机勃勃。

淮安人说，淮安是调控中国南北大动脉的枢纽；济宁人说，济宁是调控中国南北大动脉的枢纽。

在济宁，我曾专门研究过南旺分水工程，它号称是"北方都江堰"，其先进和知名度，可以看做是世界水利史上的奇迹。查阅有关资料，元明清三朝均设有总督衙门，是最高司运机构。这样说，济宁是"运河之都"，也名副其实。

《元史·河渠志》记载，"济州河者，新开以通漕运也"。这就是说，元朝开凿并几次延伸了济州河。济州河开凿以后，漕路由淮河进入与黄河合流的泗水（今中运河）北上，经济州河直抵安山下的济水。从此可由两条路可达直沽，一条是走水路，由济水至利津入海，再渡海到直沽；一条由济水（大清河）北岸的东阿旱站陆运二百里至临清入御河，进而转运到大都。另外，至元二十六年，开凿会通河，沟通济水与御河之间的联系。

至元二十八年，凿通通惠河，至此大运河全线贯通。

“2013 年南水北调东线一期工程通水，由建设进入管理运营阶段。”他说，南水北调是将一江清水送北方，大运河是将水以外的诸多军需物资运南北。在管理方面，虽然今非昔比，但是大运河的管理也可圈可点。

首先是领导重视、机构健全。大运河是经济命脉，也是政治基石，元朝非常重视对于河道的保护和管理，设立漕运司管理河道和漕运事务，健全了相应机构，明确了责任。至元二十年八月，济州新开河通航后，设置济州漕运司；到至元二十四年十月，元朝撤销济州漕运司，在淮河以北设置京畿、济宁两都漕运司，由济宁都漕运司“并领济之南北漕，京畿都漕运司惟治京畿”。当时，朝廷每年派官员巡视河道，解决问题。

元朝还重视修筑河堤，建立河闸以调节水位，在河堤、水源等方面做了大量工作。因为济州河河段落差较大，元朝就以修筑堤坝，增建闸堰、斗门的方式予以解决。资料显示，“临齐鲁之交，据燕吴之冲”的济州，采取“道汶、泗以会其源，置闸以分其流”的工程措施，破解诸多难题。汶水、泗水、沂水、洸水等河流是济州河水源，在其上游安装了许多闸门；济州河南济宁到沽头（今江苏沛县境）、东阿至临清等地势起伏较大的河短，也都用闸门来调节水量。这样，保障了运河的畅通。

保护河堤，疏浚河道是一项长期的工作。元朝保河护堤的措施是，专门派人巡视、防守和维修。《漕运通志卷之十　漕文略》记载：至元五年冬十月，都水监丞宋公韩、伯颜不花奉命分治会通河道，巡行间，睹河水浅小，曰：“上源壅塞之病也。”越明年春，挑洸各处河身之浅，五旬而工毕，汶、泗、洸、济之水源源而来，凑乎会通，舟无浅涩之患。公又见济州会源石闸二座，中尖天井广袤里馀，停泊舟航相次上下。内常储水满溢，方许放灌馀闸。近年渐以淤淀，浍水甚少，今复淘浚已深，水常潋滟以宽拢舣。夏四月，公又巡视会源闸。北原有济河旧迹，河身填平，水已绝流。挑去泥沙，行三百馀步，广二丈五尺，东连米市，西接草桥，水势分流，舟航无碍，百姓大悦称便。

当时，济州河水量有限，特别是在枯水时期，水源更为紧张，因此限制超大船体通行，以便河道能够正常运行。具体措施，一是用闸门调节水位，二是增设障碍物限制大船通航。元廷曾下禁令"止许行百五十料船"，但"权势之人，并富商大贾，贪嗜货利，造三四百料或五百料船，于此河行驾，以致阻滞官民舟楫"，于是管理部门在"沽头闸上增置隘闸一，以限巨舟"，又在临清河道上"亦置小闸一，禁约二百料之上船，不许入河行运"。这种办法真正奏效。

京杭运河与万里长城一样，同埃及金字塔、印度佛加雅大佛塔并称为世界古代最宏伟的四大工程。这条贯通中国南北的大动脉，对中华民族政治的统一、经济的发展、民族的融合和南北文化的交汇做出了不可磨灭的贡献。如今，世界上最大的南水北调调水工程，像巨龙一样，经天行地，造福人类。

在济宁，由于当时的国家发展大势和济宁独特的地理位置，大运河得以把济宁从政治、经济、文化、科技、生态等方面推到了在全国举足轻重的历史位置，济宁就像一艘长风破浪的大船，杨帆行驶在大运河上。济宁"依河兴市"创造了历史的辉煌，为建设运河文明作出了积极贡献。

23

当济宁这艘大船，从古老的京杭运河驶入南水北调大渠、从元明清驶入新时代的时候，它会给人类多少感慨、多少思索、多少振奋、多少梦想！

无论是京杭运河，还是南水北调，都缘于水；无论是我们的祖先，还是我们自己，都深深懂得，有水就有灵气、就有生气、就有财气、就有希望；无论"天人合一"的思想运用于大运河的治理和运营，还是"人与自然和谐共生"的理论指导南水北调前行，都启迪我们：水，只有适应人类的合理诉求，才是上善的。

行走在大运河两岸，我感受它给人类的恩赐。在南方水乡，有"上有天堂，下有苏杭"；在北国大地，也有河渠纵横、园林众多，亭台楼阁、小桥流水。济宁，号称"江北苏州"，又称"湖上明珠"、绚丽多姿、五彩缤纷。当地人自豪地说："上有天堂，下有苏杭，除了北京，就是南旺。"

济宁之所以成为"江北苏州"，就因为济宁域内河渠纵横，又有"南四湖""北五湖"水源水景，加上官府和外地商人建设的遍布全城的苏州式的园林，使济宁呈现出北方城市少有的南方水乡风光。

无疑，大运河为我们今天实施绿色发展、建设生态文明提供了历史遵循；南水北调为建成美丽中国样本，注入了新鲜血液。

难怪，西汉司马迁在《史记·河渠书》感慨"甚哉，水之为利害也"；难怪，"善治国者，必先除其五害，五害之除，水为最大"；难怪，大禹、隋炀帝、康熙、孙中山、毛泽东等人，都积极治水。

"政莫重于治河，功莫大于漕运"！

资料显示，朝廷六大部院之外设立运河总督衙门，相当于今天的水利部、航运部两部职能的部院级的机构，任职官员为正二品或一品大员。明代的宋礼、清代的林则徐就是最好的例子。有人统计，明、清两个朝代，有209任190名朝廷大员任职总督，仅济宁又有"七十二衙门"之说，排在北京、天津之后，济宁成为除京城之外的又一个政治中心。

济宁当然还是儒运融合交汇的文化圣地。

车辆行驶在齐鲁大地，很多地方可见"孔孟之乡 运河之都"的牌匾。当地人会自豪地说，济宁历史悠久，文化底蕴深厚，是人文始祖伏羲和孔、孟、颜、曾、子思"五大圣人"的故乡，中华文明的重要发祥地和儒家文化发源地。作为"中国运河之都"，济宁是运河文化的集中体现地。

如果把"儒家文化、运河文化"或"孔孟之乡 运河之都"结合在一起，其他地方确实无法相比。

仅说儒家文化，济宁恐怕也首屈一指，毕竟孔子故里就在这里的曲阜。当我漫步孔庙、孔林、孔府之间，并非感受置身于国家历史文化名城之中，而或多或少感受到这位伟大思想家、政治家、教育家的文化滋养。《论语》中的一些句子，自然浮出脑海。水润万物，包括润泽这块土地。运河文化与儒家文化同生共长、交流互鉴，在济宁大地上构筑了壮丽图景。儒家文化敦厚仁义、运河文化开放包容，生成以"沟通、包容、创新"为核心、以诚信谦和的工商文明为主体、以"敢于担当、鼎力革新"的"运河精神"为特质的独特文化。

站在元代著名科学家郭守敬雕塑前，我深深鞠了一躬。

在中华民族治水史上，涌现了大禹、郭守敬、林则徐、潘季驯、白英、黄大发等无数英雄。他们所表现出的忧国忧民、敢于担当，不避艰险、自强不息，勤奋敬业、鼎力革新的精神，表现出的顺应自然、改造自然、利用自然的科学理念，表现出的忠孝为本、礼义为重、节俭为先、创新为要的做人为官之德，口口相传、代代相袭，另祖祖辈辈敬仰。

而南水北调建设者，又把一条绿丝带挂在了齐鲁大地。

24

之后，我去了南旺分水枢纽工程。

南旺分水枢纽工程是古代水利建设的奇迹，是大运河控制性节点工程。它被国家定为全国第六批重点文物保护单位，被列入《中国世界文化遗产名录》。

南旺分水枢纽工程，坐落在汶上县南旺镇的汶水入运处，历史悠久。元代开凿京杭运河，南旺因地势隆起，像个罗锅，被称为"水脊"。水脊成了运河畅通的难题。明朝初期，工部尚书宋礼和汶上民间水利专家白英经过勘察，在戴村筑坝遏汶，驯服汶水西行，从南旺入运，七分北流，以济漳、卫；三分南流，以济黄、淮，而漕运通。后建龙王庙于分水处，故称"分水龙王庙"。

南旺分水枢纽工程系庞大而完整的系统工程，凝聚了数代乃至数十代中国人民的智慧和力量，创造了顺应自然，改造自然和利用自然的千古奇迹。然而岁月无情，随着古运河的改道和"文革"动荡时期的破坏，龙王庙渐趋萧条，建筑物也多有倾颓，现仅存禹王殿、宋公祠、关帝庙、观音阁，默默地蹲在运河故道旁。

千万不要说它"其貌不扬"。它建坝设闸的原理和世界上著名的巴拿马运河以及我国兴建的葛洲坝工程都有相似之处，堪称世界水利史上的一大范例，具有永恒的研究和借鉴价值；她的科学性和技巧性可与中国古代的灵渠和都江堰水利工程相媲美；她代表了17世纪工业革命前世界土木工程技术的最高成就。

历史上，南旺枢纽工程有"真令唐人有遗算，而元人无全功"之美誉。

1965年，毛泽东主席在接见山东省党政主要负责人时对这项工程给予高度评价，说"这是一个了不起的工程"，并称赞当年策划、主持修建这一工程的汶上老人白英为"农民水利家"。

精通水利知识的康熙皇帝也褒奖说："朕屡次南巡经过汶上县分水口，观遏分流处，深服白英相度全之妙。"

美国水利专家方维看到后，曾敬佩地说："此种工作当十四五世纪工程学的胚胎时代，必视为绝大事业。"

遗憾的是，作为水利工作者，我也是第一次光顾南旺分水工程，无上钦佩的同时，认真听取讲解。

京杭运河途经鲁西南，其南旺地段是一个制高点。这段运河因水浅难以通航。明朝初期，宋礼、白英利用大汶河水源丰富和大汶河上的坎河口地势高于南旺的条件，在坎河口修筑戴村坝截住大汶河的水，又从戴村坝至南旺分水口开挖一道80余里长的小汶河引汶济运，才使得南旺段运河有了足够的水源。

这段运河水量北少南丰，为达到引汶入运于南旺分水补源的目的，宋礼、白英在小汶河入运口对岸砌石堤，并建造了一个鱼嘴形的分水尖。这样不仅能防止洪水冲刷，而且可调节南北分水量。因此，民间流传着"七分朝天子，三分下江南"的说法。同时，宋礼、白英又根据地形设置水闸，科学调节水量，保证了南北过往船只的顺利航行。

宋礼、白英还利用运河两岸的洼地创诸湖，建斗门，以调节运河水量，逐渐形成了蜀山湖、马踏湖、南旺湖等湖泊，当时叫"水柜"。夏秋水盛时，通过斗门将洪水泄入湖泊，冬春运河水量不足时，再将湖水放入运河，以补运河水源的不足。这样，既减轻了小汶河下游洪涝灾害，又能使得枯水季节的运河航行不至中断。

南旺分水枢纽工程建成后，使京杭运河畅通了五百多年。她无疑是大运河上最为闪光的亮点之一。似乎是大自然在和人类开玩笑，大运河水的丰枯以南旺为界：南旺以北，一直到天津，是干枯的，只有故河床依存，完全废了，有名无实，有的河段只剩下泄洪和充当污水沟的功能；南旺以南，则水量依然充足，河面宽阔，运输繁忙，上万条运输船只日夜航行其间，一派繁荣景象。

随着南水北调工程的建成，准确地说是随着我看到的梁济运河段等工程的建成，南旺南北水丰水枯的现状彻底改变。

站在南旺分水枢纽工程群前，我想，京杭运河与万里长城、埃及金字塔、印度佛加大佛塔并称为世界最宏伟的四大古代工程，而万里长城、金字塔、佛加大佛塔随着现代文明的推进，都成为历史陈迹供游人欣赏，而京杭运河却是至今还活着的、流动着的文化遗产。

北京时间 2014 年 6 月 22 日下午 3 点 21 分,当地时间 6 月 22 日上午 10 时,正在卡塔尔多哈进行的第 38 届世界遗产大会宣布,中国大运河项目成功入选世界文化遗产名录。

这时,已经通水的南水北调东线一期工程,使古老的大运河活得更美好,流得更顺畅!

25

再次来到东线穿黄工程,见长江水从容过了黄河。

"南水北调东线穿黄工程,是南水北调东线工程自黄河南岸的东平湖至黄河北岸的鲁北输水干渠之间的一段输水工程,全长 7.87 公里,是南水北调东线的关键控制性项目。"他说,项目建设的主要目标是打通东线穿黄河隧洞,并连接东平湖和鲁北输水干线,实现调引长江水至鲁北地区,同时具备向河北省、天津市应急供水的条件。

"工程位于山东省东平和东阿两县境内,黄河下游中段,地处鲁中南山区与华北平原接壤带中部的剥蚀堆积孤山和残丘区。"他介绍,其中南岸输水渠段包括东平湖出湖闸、南干渠,全长 2.54 公里;穿黄枢纽段包括子路堤埋管进口检修闸、滩地埋管、穿黄隧洞,全长 4.61 公里;北岸穿引黄渠埋涵段包括隧洞出口连接段、穿引黄渠埋涵、出口闸和连接明渠,全长 0.72 公里。

"穿黄不通,千里无功"。这正是千万建设者的担忧,也是南水北调中线、东线穿黄工程的实际情况。如今,穿黄告成,功莫大焉。长江水过了"咽喉",款款向北……

再次来到济平干渠,见大河淙淙、大船悠悠。

山东济平干渠是南水北调东线的首批开工项目之一,也是山东境内建设的第一个南水北调项目,还是第一个通过原国务院南水北调办公室完工验收的工程。南水北调东线通水以来，通过济平干渠向济南及下游输送生态用水，在改善地方生态环境、东平湖防洪、小清河水源、沿途农田排涝等方面发挥了显著的综合效益……

我再次来到大屯水库，见水面开阔、水波荡漾、天水相连，蔚为壮观。

大屯水库位于南水北调东线一期工程的最北端，德州市武城县境内。大屯水库是目前国内规模最大的全库盘铺膜防渗平原水库。这座水库蓄满长江水后，不仅可以补充德州城区及周边县区的城乡生活、工业用水，将来还可以作为调蓄水库，继续向北为河北、天津供水……

第五章

重游微山湖

26

山东省一位负责人介绍，南水北调工程通水五周年以来，对于保障和改善南四湖、东平湖生态发挥了积极作用。南水北调工程每年调水期间，借湖调蓄，水量充沛，水位稳定，有效改善了"两湖"水生态环境。特别是 2014 年、2015 年南四湖出现生态危机，2016 年南四湖、东平湖水位接近生态红线，通过南水北调工程先后进行生态补水 2.95 亿立方米，有力保障了湖区生产、生活、生态环境，避免了湖泊干涸导致的生态灾难。

南水北调工程还为小清河补充了水源。小清河发源于济南，沿途流经淄博、滨州、东营、潍坊等五市。为维持河流生态健康，改善小清河水质和生态环境，自 2005 年南水北调济平干渠工程建成通水，先后多次调引长江水、黄河水累计达 2.45 亿立方米，为小清河生态环境改善发挥了巨大作用。

曾经，天津表态坚决不要东线水，理由是东线的水污染严重。

2001 年 10 月 30 日，在水利部举行的中国水利学会成立 70 周年纪念大会上，时任水利部部长汪恕诚透露了这一信息。他说：天津市最近用文件的形式正式提出不用东线水，因为对南水北调东线的水质不放心，对水污染能否治理好不放心。后来张基尧副部长到天津与他们交换意见，我又打电话给天津市领导。这次我从国外一回来，又打听他们的回话，仍然是这个意见，对东线水污染不放心，所以不要东线水。

2002 年，南水北调工程开工在即，当时的水利部部长、副部长、总工程师、南水北调规划设计管理局局长等几位领导"四下天津卫"，面见天津有关领导，就东线供水进行协调，得到的答复仍然是："不要东线水是天津市委市政府集体研究决定的。"口气刚硬，没有丝毫松动。

继天津之后，河北省也表示："不要东线水。"

明明缺水，却坚决不要东线的水，原因何在？

有人说，微山湖污染是罪魁祸首之一。

27

水面浩渺，水光潋滟，水色蓝蓝，曾经给多少人留下美好的记忆，曾经让多少人热血沸腾，曾经让多少人心潮澎湃。

微山湖。

我每次乘船走在微山湖上，都不由得想起了那战火硝烟的抗日战场，想起了让日本鬼子闻风丧胆的铁道游击队，想起那首家喻户晓的《铁道游击队之歌》。

铁道游击队创建于 1940 年 12 月，他们以微山湖为依托，在津浦临枣百里铁道线上，拦截火车，炸毁桥梁，切断日军交通运输线，配合八路军主力与日军战斗数百次，威震敌胆，屡建奇功，谱写出可歌可泣的壮丽篇章。

2012 年初春，我随中国作家南水北调东线行走。著名作家李春雷、梅洁、黄传会、铁流、裔兆宏等人，我们一起唱《铁道游击队之歌》：西边的太阳快要落山了，微山湖上静悄悄……

那歌，历久弥新。

当微山湖将成为南水北调的蓄水湖时，那歌、那湖总是让人身上刺痒，胃口反酸，眼睛失色，两耳失聪。微山湖曾经是被严重污染的酱油湖！

天津、河北不要南水北调东线之水，已经让山东面带羞涩，而有媒体用《南水北调东线工程因山东污染严重推迟》这样的标题来评价工程延期，类似的说法深深刺痛了山东的神经。南水北调东线通水前，京杭运河台儿庄段虽然是一片繁忙的施工景象，但是航运治污是运河面临的一大难题。

"山东省十一届人大常委会第十九次会议公布消息：南水北调山东沿线治污项目已完成92.9%，但河流断面达标率却不足一半。"他说，那时，离2013年南水北调东线建成通水的期限越来越近了，山东省相关部门的压力也越来越大。山东与相邻的江苏省相比，江苏境内输水干线水质已基本达到规定的标准，而山东预计2012年年底才能达标。

很显然，山东有关部门的压力，一方面来源于治污的时间紧迫，另一方面则是治污投资巨大。按照南水北调东线一期工程原规划，总投资的44%用于治污工程建设。山东省负责人感叹，如果治污不达标，这些钱就打水漂了。

"按计划，东线本该于2007年年底通水，但受治污等因素影响，通水延期至2013年。"他告诉我，河北和天津拒用东线水，是不大相信山东能把水治好。这并非对山东有偏见，而是因为山东在地理条件上先天复杂。

以南水北调经过的南四湖为例，湖周围有53条像蜘蛛网一样的河流注入，几乎全是劣Ⅴ类水。《南水北调东线工程治污规划》总报告一位负责人表示，南水北调治污重点在山东，难点在南四湖。有人甚至认为南四湖治污是"天下治污第一难"。

微山湖流域的大小 53 条河流，经洙赵新河、老万福河、东鱼河、复兴河等由西向东流入微山湖，出湖口为韩庄运河。大多的河流成了附近工厂的污水排放池，垃圾遍地，污染严重，甚至还飘溢着呛鼻的臭气。那时的大运河，缺乏必要的保护，已经面目全非，像病危孤独无奈流泪的老人。

还有，到了 20 世纪 80 年代，乡镇企业的兴起，化肥厂、造纸厂、水泥厂等小企业也开始在湖边雨后春笋般冒出来，仅从济宁入湖的 53 条河流沿河的排污企业就达到 4000 多家，每天 54 万吨工业废水、14 万吨生活污水排入微山湖，日入湖有害物质达到 18.2 吨，清澈的湖水、鲜嫩的莲藕与水鸟、游鱼一同消失。

非常独特的是，微山湖流域没有入海口，污染物要全部"就地消化"，过度的农业开发曾对湖区自然生态造成严重破坏。每当湖水上涨时，化肥农药大量流入湖泊，成为湖水一大污染源。加上湖泊上游流域造纸、化工等企业的工业污染，在 20 世纪末，微山湖污染达到高峰，一度沦为鱼虾绝迹的"死湖"。

"南四湖、东平湖——年吞下近 4000 吨氮和磷。"他说，这简直是个天文数字！让人揪心的是，以总磷和总氮的检测值看，微山湖水质却是 V 类水。

微山湖不仅被污染所害，而且出现干涸的危机。

"我们怕天灾，也怕人祸。有一年天大旱，微山湖都干了，在湖底跑拖拉机，可是来年一下雨，湖里照样有鱼有虾有草。但污水一来，微山湖就臭了。"微山县微山岛乡万庄村渔民说。

"县里所有的工业点源污染，我们都下大气力治理了，纳税很多的酒厂，因为治污始终不达标，我们也忍痛割爱关掉了。"提起这些年治污所付出的努力和代价，微山县政府一位负责人感慨颇多。

"这说明，当前农药、化肥及禽畜养殖等农业面源污染已上升为影响水质的主要矛盾。"山东省有关人士称。

"南水北调东线，是利用京杭运河作为输水河道，既是内河航运的黄金水道，又是南水北调的大动脉。"他说，大运河有了双重身份，却也产生了纠结。

在台儿庄，我曾望着大运河上忙碌的船舶首尾相接，一艘很小的动力船，拖着长长的拖船队，在水里缓缓地移动，心生忧虑。

28

微山湖又名南四湖，由南阳湖、微山湖、独山湖、昭阳湖四湖组成，是我国北方最大的淡水湖。历史上曾与南四湖并存的有"北五湖"，与之南北对应，由于水资源的枯竭，北五湖目前仅存下东平湖。

"自 1980 年以后，微山湖经过五次大旱。"他说，旱灾发生的频率和严重程度，比历史上任何一段时期都大得多，许多水利专家因此而忧虑。如果不合理调配、利用水资源，微山湖将成为正在消失的"北五湖"。

2002 年，由于降水量比常年偏少近一半，汛期降水量也比常年同期偏少一半还多，极少的来水量，致使湖面不到正常水面的七分之一，周边地区生产、生活用水紧张，航道断航，湖区水生生物和野生动物数量锐减。百年一遇的特大干旱，不仅影响着当地工农业生产和群众生活，还严重威胁着湖区的生态系统。

在人与自然和谐的治水理念指导下，水利部淮河水利委员会积极协调有关省份，制定周密的调水方案，历经 86 天的生态补水，不远千里调来了长江之水，终使微山湖焕发了青春。

南水北调工程实战演练的成功挽救了面临干涸的微山湖。

人们期待，南水北调东线工程建成后，微山湖将长期保持稳定水位。届时，在促进当地水产品及相关产业快速发展的同时，微山湖及周边地区必将成为一个蓝天、碧水，人水和谐，自然与人文景观相融相交的人间佳境。

然而，天津、河北不要东线的污染水，着实伤了山东人的自尊。

位于南四湖南端的徐州，是南水北调东线在江苏境内的最后一关，长江水由徐州调入微山湖后，整个水面归山东管辖，微山湖水质的优劣，决定整个南水北调东线的成败。

"东线的关键是治污，重点在山东，而难点在南四湖。"十几年前，国内外专家对南水北调东线工程的判断惊人一致，而事实也确实如此。

"微山湖治污能否达标，直接关系山东省治污能否达标。"他说，而山东段治污能否达标，保证清水北上，直接关系到东线工程的成败，关系到国家重大战略决策的如期实现。

再难，山东省也不能拖了南水北调的后腿！高质量地完成山东段治污和工程建设，确保东线工程一泓清水北上艰巨任务，摆在了山东各级党委政府的面前。

山东省委、省政府明确：以南水北调、胶东调水工程形成的T字形调水大动脉为基础，以建设河道、渠系、水库连通工程为重点，以水库、湖泊为调蓄中枢，以河道渠系为载体，尽快形成"南北贯通、东西互济，蓄排结合、旱涝兼治，库河相连、城乡一体，统一调度、管理科学"的山东现代水网。

山东省委、省政府强调：沿线各市党委、政府要把南水北调治污工作摆在重要议事日程，尽早部署，定期听取汇报，及时研究解决遇到的问题。省和调水沿线市、县、区财政资金都要向调水治污倾斜，统筹使用好环境保护、污染减排、水系生态建设、农村环境综合整治、国土绿化等资金，集中必要的财力，重点用于调水沿线治污工作。

治污的重点在济宁，难度也在济宁。微山湖沦为鱼虾绝迹的"臭水湖"，济宁也因此而"臭"名远播。当地流传"出了济南向南行，闻到臭味到济宁"一说。

十几年前，济宁市某干部去济南开会，喝得大醉后连夜往回赶，路上一直昏睡，忽闻一股臭气袭来，干部一下酒醒，对司机说："咱们到家了吧，我闻到味了。"

这个故事成为微山湖治理后济宁人的"骄傲"。

济宁市一位大学毕业生刚刚参加工作时，曾到微山湖参加治污。清了两个小时的污泥就熏得不行了，吃的东西全吐了，还整整躺了一天。

当时，微山湖的水为劣 V 类，人体不能接触。水污染主要的衡量指标 COD、氨氮等最高超标高达 180 倍。治污难度举世罕见，真正是被专家学者说的"天下治污第一难"。

南水北调东线工程要求湖区水质必须稳定达到 III 类水标准。在十年左右的时间里完成水质从劣 V 类向 III 类的跨越，是一个技术含量颇高的难题。要想实现这个目标，必须削减污染负荷80％以上，这一度被视为"不可能完成的任务"。

明知不可能完成的任务，却要必须完成任务。

济宁市打响了拯救微山湖的艰苦战役。

"济宁市是南水北调东线工程的重要输水通道和中继水源地，东线工程贯穿辖区 197.9 公里，占山东调水干线的近一半。"他告诉我，济宁成为备受关注的生态敏感区和重点监控地区，压力巨大。

2002 年，东线工程的开工，意味着济宁的治污重任没有"弹性"可言，污染比别人厉害，治污的手段就必须比别人强硬，治污的决心比别人更坚定。

济宁治污是山东浓缩的影子。

这既是一次挑战，更是一次自我革命。

山东省一位主管部门的领导，是具体落实山东省委、省政府治污战略者之一。这位环境工程学博士，更明白环保的重要性，也更擅长发挥专业优势，做出科学的抉择。

2002 年，他在全省提出"治、用、保"并举的流域污染综合控制策略："治、用、保"实际上是一个科学的治污体系。所谓"治"，即污染治理，就是通过结构调整、清洁生产、末端治理等全过程污染防治，使流域内一切外排水确保常见鱼类稳定生存后再排放。所谓"用"，就是建设中水调蓄水库，努力在行政辖区内部实现再生水资源的循环利用，减少废水排放。所谓"保"，就是生态修复和保护，因地制宜地建设人工湿地水质净化工程，环湖沿河沿海构建大生态带，形成一个生态屏障。

他的态度十分明朗：流域治污的社会背景决定了发展中地区不可能简单照搬发达国家治污模式。如何既确保水质安全，又保证地方经济发展和社会稳定，是东线治污需要破解的难题。

在山东省，污染最重的是造纸行业，省内造纸厂 700 多家，遍布各流域，排污量占了全省排污量的 70%，一家造纸厂就能染黑一条河。

这是治污最硬的骨头。

2001 年，他提出到 2010 年省内造纸业污水排放 COD 含量降低到 100 毫克／升的目标。当时国家环保总局制定的标准为 100 毫克／升，是 III 类水质标准的 20 倍。

这是一个行业术语，也就是把造纸业污水排放的水质污染度降低了，甚至低于当时的国家标准。这就意味着造纸业必须增加排污成本，增加排污成本必定降低企业效益。

对企业来说，无异于割他们身上的"肉"。

于是反对声不绝于耳，连全国造纸行业协会也有人放话，要求山东的同行们"顶住"，否则"全国的造纸业都完了"。

他并没有停止前进的脚步。

2006 年，在他的推动下，山东在全国率先实施了严于国家标准的地方排放标准，其中 COD 排放最高严于国标 6 倍多。

这时，又有人指责："山东，疯了！"

南水北调是千秋大业，山东必须顶住压力。

"造纸业是山东污染大户，治理不好造纸厂，山东的水质就无法扭转。在大趋势面前，如果企业心存侥幸，政府绝不手软。"济宁市相关负责人表示。

29

人们喜欢用"壮士断腕"来形容做事的坚决和彻底。

山东省进行产业结构调整、加大污染治理力度，用"壮士断腕"来形容，恰如其分。"十一五"时期，调水沿线各市共淘汰造纸企业49家，产能90多万吨；化工企业15家，产能130万多吨；水泥企业490多家，产能6000多万吨；酒精企业18家，产能21万多吨；印染企业6家，产能近2亿米；还淘汰了一批小制革、小焦化、小电镀等重污染企业。

实际情况是，从2003年起用了8年时间、分4个阶段实现了污染物排放由行业标准向"最严"流域标准的过渡。到2010年，造纸行业COD排放量比2002年减少了62%，仅剩的10家大企业产业规模却是原来700家的3.5倍，利税是原来的4倍。

其实，山东的大多企业按照要求，积极主动治污。

我曾到山东太阳纸业参观这个"好典型"。太阳纸业地处南水北调东线工程前沿，是中国最大的民营造纸企业之一，位列世界造纸百强行列。2006年，太阳纸业在深圳证券交易所上市。

太阳纸业经过30年的发展，经历了多次污染危机的考验，主动治污关乎企业长远发展。治污，是建设美丽中国的迫切要求，是企业的责任，太阳纸业深深明白这些道理。

于是，他们先后投资数十亿元用于污染治理，太阳纸业的化机浆废水已经实现零排放，平均吨纸耗水降到6立方米，达到国际先进水平。

他们对原有污水处理设施优化整合，投建运行了 8 立方米污水深度处理系统，处理后的废水流入氧化塘，利用水中微生物形成的小型生态系统进一步分解，提升至杨家河湿地进行自然降解，再经泵提升至泗河，出境水达到地表水 IV 类水标准。

他们把"废水"一部分经处理后进入厂区作为生产用水，另一部分经过湿地系统的进一步降解，用于城市缺水地区的农林灌溉，还引入城市景观河道，剩余部分流入泗河湿地。

2003 年，山东省对微山湖进行人工湿地实验，通过采取建设河流入湖口人工湿地、修复河道走廊及滨湖区湿地等措施，运用生态系统净化入湖河流水质。

微山湖湿地像天然的过滤器。

它有助于减缓水流的速度，当含有农药、生活污水和工业排放物等有毒物和杂质的流水经过湿地时，一些湿地植物能有效地吸收水中的有毒物质，流速减慢有利于毒物和杂质的沉淀、排除，净化水质。沼泽湿地能够分解、净化环境物，起到"排毒""解毒"的作用，因此被人们喻为"自然之肾"。

人工湿地成为济宁的亮丽风景。

北湖人工湿地几乎是将全部济宁市污水厂排入微山湖的水进行拦截，由湿地净化之后再重新排入湖中，起到调节水质的作用。它是排入微山湖的最后一道关口。

新薛河人工湿地，不仅仅起到了"人工肾"作用，而且成为远近市民休闲娱乐的场所。人来人往，扶老携幼，其乐融融。

现在，山东境内所有企业的达标废水在进入南水北调东线干线河流之前，必须流经最后一道防线——人工湿地进行净化。通过人工湿地这个"净水器"，山东境内南水北调东线工程的输水干线，水质能达到国家地表水环境质量Ⅲ类标准。

微山湖的水是蓝蓝的，衬托得天上云彩也格外地洁白。绝迹多年的小银鱼、毛刀鱼等对水质要求极其严格的鱼类再现湖中，在岛上生活的渔民也主动调整养殖结构，多养鱼，少养蟹，为保护微山湖生态环境尽"微"力。

这也是微山湖成为南水北调工程调蓄水库之后，改头换面的又一华丽转身。随着南水北调东线一期工程建成，长江水款款汇入了微山湖。

天津、河北从拒收长江水，到广大居民喜饮甘霖，可以说是南水北调东线治污的巨大胜利！

30

她是南水北调东线工程的重要调蓄水库和输水通道，名字叫"微山湖国家湿地公园"。

我从微山县城区驱车到达南部的微山湖国家湿地公园。

一个个美丽的景区映入眼帘：生态停车场及入口广场、亲水绿岛、新薛河自然湿地、观鸟绿洲、天然芦苇荡等景点。

"微山湖国家湿地公园是亚洲最大的草甸型湖泊湿地，国家 AAAA 级旅游景区，2013 年当选'中国十大魅力湿地'之一。"他说，2011 年国家批准建立微山湖国家湿地公园。这是山东济宁市唯一一个国家级湿地公园，也是微山湖区域唯一获批以"微山湖"命名的湿地公园。

"微山湖的水面涨到哪里，微山的区划就到哪里。"他说，1956 年国务院批复，微山湖所有湖面由山东省微山县统一管理。公园总规划面积 15 万亩，是以湿地保护、科普教育、水质净化、生态观光为主要内容的大型公益性生态工程。

2013 年 5 月 1 日，微山湖国家湿地公园正式开门迎客。

她的开园，不仅进一步拉长微山湖区旅游产业链条，提升微山旅游层次，促进产业互动，更重要的是将更好地保护微山湖的水质，恢复微山湖湿地生态功能和生态系统的完整性，为南水北调东线输水工程的水源及水质提供生态保障，还能够更好地保护和改善湿地生物栖息环境，保护和恢复生物多样性。

近年，微山县结合保障南水北调水质安全、维持湖区生态平衡，协调推进湿地保护和合理利用工作，把微山湖国家湿地公园建设成为我国淡水湖泊湿地旅游的精品工程和湿地生态建设的标志性工程、亚洲最大的湿地公园、湖滨湿地公园的典范。

微山湖国家湿地公园荣获"中国十大魅力湿地"荣誉。

"'中国十大魅力湿地'旨在评选中国大地上最具代表性、典型性的湿地，表现不同类型湿地的秀美与神奇，唤起公众珍爱湿地、守护湿地的意识。"他说，按照"价值是否突出，形态是否典型，物种是否独特，保护是否有力"的标准，经过电视展播、网络投票、组委会全体公议等环节的评选，最终敲定了包括微山湖国家湿地公园在内的"中国十大魅力湿地"。

依依不舍告别微山湖国家湿地公园，又来到滕州微山湖湿地红荷旅游风景区，感受到当地人的自豪，也感受到游客的喜悦。

红荷含笑迎嘉宾，湿地有情留贵客。

这里山水辉映、碧水白帆、红荷绿苇、鸥鹭翔集，一年四季，如诗如画。春赏微湖碧水、清风梳柳，夏游万顷红荷、苇浪翻波，秋看绿减红瘦、芦荡飞雪，冬观雪映微湖、万鸟翱翔，不仅是体验水乡风韵、感受湿地风情、尽览生态胜景的胜地，也是人们休闲度假的旅游胜地。

的确，景区钟灵毓秀，既有原始风情，又保存最佳的湿地资源。

这里是我国最美最大的国家湿地公园。现已被评为国家湿地公园、国家AAAA级风景区、国家水利风景区、国家生态文明教育基地、全国环境教育示范基地、全国科普教育基地、全国中老年旅游休闲养生基地、2013年好客山东最佳休闲旅游度假区、全国摄影家协会拍摄基地、全国垂钓协会比赛基地。

我了解到，微山湖湿地红荷旅游风景区先后成功举办了十二届中国（滕州）微山湖湿地红荷节、两届全国摄影家协会摄影比赛、多届垂钓比赛和三次全国性骑游活动，其独特的湿地风情、水乡风韵吸引着大批中外游客前来观光，年接待国内外游客145万人次，已成为全山东省乃至全国湿地类生态旅游的精品和热点。

资料显示，滕州微山湖湿地红荷旅游风景区总面积90平方公里，湖域面积60平方公里，这里有55公里的湖岸线、12万亩的野生红荷、30平方公里的芦苇荡、国内罕见的水上森林和丰富的物种资源，风景区内有盘龙岛、小李庄、水生植物园、湿地漂流园、荷花精品园、湿地博物馆等50余处景点。

微山湖湿地红荷旅游风景区素有"中国荷都"之称。

微山湖周围，还有诸多湿地公园，不仅成为著名的旅游区，还精心呵护微山湖的一湖清水。我感觉与以前不同，那些湿地像微山湖周围的绿丝带，既给微山湖带来"温暖"，又成为微山湖靓丽的风景。

第六章

二龙接力

31

　　京杭运河沿着两条漫长的大道款款走来。一条是从隋朝开挖通济渠、永济渠、江南运河，至今已有 1400 余年历史；另一条是从北京穿越黄河、淮河、长江途经洛阳到达杭州钱塘江，长达 2700 公里。一路上，京杭运河促进了中华军事、政治、经济、文化的发展，是中华民族灿烂文明史的闪光点，与万里长城齐名，是世界最古老伟大的工程之一。

　　沿着京杭运河的时空脉络，可以清晰看到它前行的脚步。

　　春秋末期即公元前 486 年，吴王夫差率众开挖位于今扬州与淮安之间的"邗沟"，连通长江与淮河，用来北上伐齐。公元前 483 年，又开挖位于今鱼台与定陶之间的"菏水"，连通泗水与济水，实现了长江、淮河、泗水、济水的通航。

　　公元前 361 年，战国时期魏国开凿"鸿沟"，沟通黄河与汴水，即今河南省中牟至开封。鸿沟水系就是南北运河的前身。《禹贡锥指》记载，"东方之漕，全资汴渠"，说明东汉建都洛阳，汴泗水运发挥了重要作用。

　　公元 204 年，曹操北伐袁绍，打通"白沟"令淇水北流，至天津。

公元352年，东晋开通泗、光、汶、济运道，可由下邳即今江苏邳县乘船沿泗水北上入古济水。为了通船运输，公元369年，东晋又开凿"桓公沟"，将济水与黄河连通。

很多人认为，隋朝开凿运河力度最大，成效最显。公元605年，隋炀帝开挖"通济渠"，自首都洛阳经洛水入黄河，沿鸿沟、汴水、泗水入洪泽湖，经邗沟入长江，全长约千公里；公元608年，又开挖"永济渠"，从洛阳向东北经山东临清、天津直达北京，长千余公里；公元610年，又开挖江南运河，从江苏镇江经丹阳、无锡、绕太湖东直达浙江杭州，长约400公里。这样，北从北京，绕洛阳，南达杭州，全长2700余公里的京杭运河全线开通。

这基于隋朝统一全国后，江南农业发展较快，适应运粮和军事的需要。其历史与规模，确实堪称世界之最。

到了元、明、清，已经建都北京，江南的财粮急需北运都城，原来的运河绕道洛阳，就显得路途太远，耗材费力。那时的专家，开始考虑一个走近路的运河方案。

元朝水利专家郭守敬受朝廷派遣，到山东勘察、设计运河线路。当时的方案就是将运河东移，到达鲁西再北上。公元1283年，朝廷开挖济州河，从山东济宁到安山，长约75公里，沟通泗、济两水。公元1289年，又开挖会通河，长约125公里。公元1291年，又开挖了通惠河。新的京杭运河线路，比原来的运河缩短了900公里的行程，提高了航运效率。

黄河淤塞对运河的影响很大。《明史·河渠志》载："明中叶，黄河屡次决口泛滥，冲淤徐、沛运道，漕船阻滞。"明代采用"避黄保运"和"黄运分立"的治运方针，将济宁以南段运河东移，开挖了南阳新河和韩庄运河。如今，在山东济宁，人们看到近代的京杭运河，基本是明、清运河线路。

因为黄河决口、改道、淤塞，"黄运不分，运道阻滞"问题严重。明嘉靖年间，曾在昭阳湖东开挖自南阳至留城的南阳新河，全长 70 公里。明隆庆年间，避黄依然成为明代后期治运的重点。明万历年间，又开韩庄运河，引微山湖水经彭河入加河，经台儿庄入江苏境。

运河线路多次迁徙，基本避开了黄河淤积的影响。但是，山东段运河还有一个重要的难题就是水源问题。为了维持运河航运畅通，历朝历代充分利用沿运的山泉、河流、湖泊等水源，采取创建水闸，创建水柜等方式，调节丰枯，引水济运。

我看到的南旺分水枢纽工程就是一个成功的案例。

南旺分水枢纽工程历史悠久。元代开凿京杭运河，南旺因地势隆起成了运河畅通的难题。明朝初期，工部尚书宋礼和汶上民间水利家白英，在戴村筑坝遏汶，驯服汶水西行，从南旺入运，七分北流，以济漳、卫；三分南流，以济黄、淮，而漕运通。南旺分水南北，三分下江南，七分朝天子，符合水往低处流的规律，保障了运河的水源和航运。有关资料显示，南旺分水工程建成后，致使明朝的漕运量由元朝的 30 万石增加到 400 万石，提高了十余倍的效率。

明、清两代还建立了堰、坝、闸、水柜、水壑等水工建筑物，可以壅水、引水、蓄水、泄水，形成比较完整的水利工程体系，保证运河的常年补水。明、清两代京杭运河帆樯如林，年通过漕船 7700 余艘。

但是，历朝历代竭力维持运河航运畅通，到处引水济运，造成水系紊乱，使灾害频发的山东洪涝灾害更为严重；而不准当地引泉、引河灌溉，又影响了当地灌溉，导致旱灾多发重发。

因为多种原因，京杭运河逐渐萎缩。

1855 年，黄河夺大清河入海，截断和淤塞了运河。清光绪末年，山东境内运河年久失修，淤塞严重，漕运停止。民国初年，南运河部分航运终止，部分渐开。北运河清光绪年间基本废弃。民国 24 年，重新疏浚黄河以北运河，也只是通航一时。1938 年日寇侵占聊城，黄河以北至临清运河遂成废河。

民国期间，政府也曾想疏浚运河以通航。比如设"山东南运湖河疏浚事宜筹办处"，也做了一些勘测规划工作。后来，山东南运湖河疏浚事宜筹办处改为运河工程局，到了北伐时期停办。之后恢复，进行了一些整理泗河、修理戴村坝、疏浚北运河等勘测、规划设计和治理工程。

新中国成立后，对山东运河也分段进行了治理，提高了航运标准和规模。资料这样显示：

修缮山东南运河，即黄河南岸至台儿庄一段，全长约264公里。1959年，从黄河南岸至南四湖，新开挖梁济运河代替了老运河，对韩庄运河和伊家河多次进行治理，对南四湖湖内航道进行了疏浚和拓宽。从济宁至台儿庄段一直维持6级航道，通行100吨级船舶。

1996年，实施济宁至台儿庄三级航道建设工程。按二级航道标准建设了台儿庄、万年闸和韩庄船闸枢纽工程，扩建了泗河口、太平、留庄、滕州、台儿庄等七处港口，通行船舶由100吨级提高到1000吨级，提高了10倍。

修缮山东北运河，即黄河北岸经临清至德州段，全长约265公里。1951年，曾疏浚当地叫"小运河"的黄河北岸张秋至临清段。1959年，开挖位临运河。位临运河纳入位山灌区渠道系统，为聊城引黄灌溉、引黄济津、引黄济冀，创造了条件。

20世纪50至70年代多次对卫运河进行治理和扩大治理，提高了防洪标准。兴建了祝官屯和四女寺船闸枢纽工程，为航运创造了良好条件。北运河临清以下利用卫运河通航，可达天津。

但是，由于水源锐减和水质污染问题，20世纪70年代之后基本断航。南水北调工程利用京杭运河调水，开始了举世瞩目的巨龙大接力。

32

　　1952 年，毛泽东主席提出：南方水多，北方水少，如有可能借点水来是可以的。之后经过五十余年的研究、勘测、规划和设计，2002 年国务院批复了《南水北调工程总体规划》。总体规划提出南水北调工程包括东、中、西三条线路的调水工程，与长江、淮河、黄河、海河形成"南北调配、东西互济"的"四横三纵"总体布局。

　　东线工程利用江苏省已有的江水北调工程，逐步扩大调水规模并延长输水线路。东线工程从长江下游扬州江都抽引长江水，利用京杭运河及与其平行的河道逐级提水北送，并连接起调蓄作用的洪泽湖、骆马湖、南四湖、东平湖。出东平湖后分两路输水：一路向北，在位山附近经隧洞穿过黄河，输水到天津；另一路向东，通过胶东地区输水干线经济南输水到烟台、威海。一期工程调水主干线全长 1466.50 公里，其中长江至东平湖1045.36 公里，黄河以北 173.49 公里，胶东输水干线 239.78 公里，穿黄河段7.87 公里。

　　规划分三期实施。2002 年 12 月南水北调工程开工，2013 年 11 月，南水北调东线一期工程建成通水。

　　我站在南水北调东线山东段工程示意图前，发现一个 T 字形输水大动脉来到齐鲁大地。山东段工程分为南北、东西两条输水干线，两干线总长1191 公里，其中南北干线自台儿庄至德州市大屯水库长 487 公里，东西干线自东平湖至威海市米山水库长 704 公里。

　　从地图上看到，南水北调南北干线基本上是沿京杭运河山东段，从韩庄运河省界进入山东省，经台儿庄、万年闸、韩庄、二级坝、长沟、邓楼、八里湾七级泵站进入东平湖，之后向北穿过黄河经聊城、德州向鲁北地区供水；向东经济南、淄博、潍坊进入烟台、威海，向鲁中和山东半岛地区供水。

规划南水北调东线工程山东段分三期实施，时限为2030年以前。

一期工程首先调水到山东半岛和鲁北地区。规划工程规模为抽江500立方米每秒，入东平湖100立方米每秒，过黄河50立方米每秒，送山东半岛50立方米每秒，向山东省年供水15亿立方米。

二期工程增加向河北、天津供水，抽江规模为600立方米每秒，过黄河100立方米每秒，到天津50立方米每秒，近期建成供水。

三期工程继续扩大调水规模，抽江规模扩大为800立方米每秒，过黄河200立方米每秒，到天津100立方米每秒，送山东半岛90立方米每秒。

在工程示意图上，南水北调东线一期山东段工程的单项工程是：韩庄运河段工程，南四湖水资源控制和水质监测工程，南四湖下级湖抬高蓄水位影响处理工程，南四湖—东平湖段工程，东平湖蓄水影响处理工程，济平干渠工程，济南—引黄济青段工程，穿黄枢纽工程，鲁北输水工程，工程调度运行管理系统工程，截污导流工程等。如今，这些工程各领秋色，各担使命，助力齐鲁脉动。

在山东，南水北调工程与航运工程成为"连理枝"。

南四湖以南段南水北调工程与航运工程结合，南四湖至东平湖段调水与航运结合、南水北调与京杭运河的水脊结合，提高了航道标准和航运的保证率。

山东省东平和东阿两县境内的位山，穿黄隧洞"张口"讲述与京杭运河的故事。

东线穿黄工程，是南水北调东线工程自黄河南岸的东平湖至黄河北岸的输水干渠之间的一段输水工程，以隧洞方式穿过黄河，调引长江水至鲁北地区，使东线工程具备向河北省、天津市应急供水的条件。

南水北调山东段工程中的韩庄运河、南四湖、梁济运河、东平湖、卫运河等骨干河道与湖泊，也都承担着流域防洪排涝、调水与航运任务。

本文截稿时，山东南水北调实现了"覆盖广、功能多、靠得住、离不了"。

33

"南水北调工程对山东省来说，已经是'覆盖广、功能多、靠得住、离不了'。"他说。

从山东南水北调路线图可见，山东境内工程从苏鲁省界台儿庄泵站到德州大屯水库、从东平湖到威海米山水库，分为南北向、东西向两条输水干线，双线全长是1191公里，其中南北干线长487公里、东西干线长704公里。除泰安、日照、莱芜、临沂外，工程范围覆盖全省13个设区市61市（县、区）。

东线工程不仅缓解鲁南、山东半岛和鲁北地区缺水问题，也为向河北、天津应急供水创造条件。而干线工程与省内配套工程和地方其他水利工程相连通，打通了调引长江水的通道，实现了长江水、黄河水、当地水联合调度、优化配置，形成了南北相通、东西互济的"T"字形初级现代水网结构。

到本文截稿时，济南、青岛、淄博、枣庄、烟台、潍坊、济宁、威海、德州、聊城、滨州等11个大中城市、50个市（县）实际引用长江水。

南水北调工程成为山东省名副其实的"第一大水利工程"，可谓"覆盖广"。

调水功能是南水北调最基本的功能。工程已经具备向省内年调引长江水14.67亿立方米的设计能力。

防洪功能是梁济运河、柳长河、小运河、赵王河、周公河等河道的防洪排涝功能得到加强，台儿庄泵站等工程提高了工程所在城市防洪排涝能力，东平湖洪涝北排、南排通道打通，济平干渠同时具备东平湖洪水东排能力。

灌溉功能为通过中水截蓄导用工程，在有效发挥保障工程水质功能的同时，使全省 30 个市（县）增加农田灌溉面积 200 万亩。

2014 年、2015 年南四湖出现生态危机，2016 年南四湖、东平湖水位接近生态红线，南水北调工程先后生态补水 2.95 亿立方米。累计为小清河补源 2.45 亿立方米，为济南市保泉补源供水 1.65 亿立方米，确保泉水四季喷涌，彰显了济南泉城城市名片形象。

长江水也为山东省地下水超采区综合整治提供了重要替代水源。

南水北调使运河起死回生，具备了航运功能。南四湖至东平湖段南水北调工程建设与航运相结合，打通了济宁港至东平湖段的水上通道，新增通航里程 62 公里，京杭运河韩庄运河段航道由三级航道提升到二级航道，提高了通航能力。

景观功能包括山东省南水北调工程一渠江水东北流，两湖浩渺俏悠悠。南水北调工程不仅是供水生命线，也成为齐鲁大地上镶嵌的一条蓝色飘带，是全省最美丽、最柔和的风景长廊。

山东省南水北调工程是综合性多功能大型调水工程，集供水、防洪、灌溉、生态、景观等效益于一体，可谓"功能多"。

工程通水以来，累计调入山东省长江水量 30.76 亿立方米，相当于 2500 个大明湖的水量，受益人口达 3000 多万。2017—2018 调水年度调入山东省长江水量 10.88 亿立方米，创历年之最。

尤其是 2014 年之后胶东四市进入连续多年枯水期，降水持续偏少，未能形成有效径流，水库基本干涸见底，当地水源严重不足。为保障胶东四市城市供水安全，按照省委、省政府的部署安排，山东省统筹组织南水北调、引黄济青、胶东调水工程向胶东四市实施了 4 次抗旱应急调水，连续三年实施汛期调水，累计通过南水北调工程向胶东四市供水 13.57 亿立方米，其中长江水达 9.94 亿立方米，仅 2017 年就向胶东四市供长江水 6.35

亿立方米。

其中，青岛市南水北调净供水量 3.84 亿立方米，已占到该市工业和城镇居民用水量的 60.2%；潍坊市南水北调净供水量 1.45 亿立方米，占到该市工业和城镇居民用水量的 28.8%。

南水北调工程在山东省最需要的时候、最关键的时刻，起到了稳定民心、稳定发展的作用。真的是"靠得住"。

山东省水资源十分紧缺，人均水资源量仅为全国的六分之一，水资源短缺、水灾害威胁、水生态退化三大水问题十分突出，十年九旱、连丰连枯、丰枯交替，资源性缺水是该省的基本省情。

解决山东省水安全问题，必须积极调引长江水。

南水北调工程对山东省应对 2014 年—2017 年连续枯水年，起到了巨大作用。特别是对青岛、烟台、威海、潍坊四市，南水北调工程成了救命工程，南水北调水成了救命水。南水北调工程的战略地位凸显。

山东省还要进一步完善南水北调工程线路、优化水网结构。山东省政府 2017 年 12 月 23 日批复了《山东省水安全保障总体规划》。规划指出，研究论证南滨海调水工程，论证南水北调胶东续建工程，着力构建"四方联通、全省一体，双路引江、多口引黄、省内水源调剂"水资源调配工程体系，形成"一纵双环，库河水系连通"山东"百"字形骨干水网，在更高层次上实现山东水资源配置大格局。

南水北调工程不仅是当下山东省的战略工程，而且是未来"离不了"水资源配置工程。

"南水北调工程构建了长江水、黄河水、当地水联合调度、优化配置的骨干水网，对于保障山东省供水安全方面发挥了巨大作用。"他介绍，根据国家批复的规划，每年可以为全省增加净供水量 13.53 亿立方米的能力，这是调配长江水；通过以南水北调骨干工程构建的水网体系，可以将黄河水调引入南水北调渠道，再进行水资源的配置，这是调配黄河水；通过南水北调工程实现省内水资源的调配，如，为保胶东地区应急抗旱，多次调引东平湖水共计 2.21 亿立方米，2017 年调引南四湖湖水 1500 万立方米，这是调配当地水。

能够眼见的，还是南水北调绿染齐鲁，生态效益明显。

南水北调工程对于保障和改善南四湖、东平湖生态发挥了积极作用。南水北调工程每年调水期间，借湖调蓄，水量充沛，水位稳定，有效改善了"两湖"水生态环境。特别是 2014 年、2015 年南四湖出现生态危机，2016 年南四湖、东平湖水位接近生态红线。通过南水北调工程先后进行生态补水 2.95 亿立方米，有力保障了湖区生产、生活、生态环境，避免了湖泊干涸导致的生态灾难。

小清河发源于济南，沿途流经淄博、滨州、东营、潍坊等五市。为维持河流生态健康，改善小清河水质和生态环境，自 2005 年南水北调济平干渠工程建成通水，先后多次调引长江水、黄河水累计达 2.45 亿立方米，为小清河生态环境改善发挥了巨大作用。

济南市依托南水北调干线工程和配套工程，实施了"五库连通"工程，构建了济南市的大水网体系。2013 年通水以来，通过南水北调济平干渠和配套工程，向济南南部山区玉符河、兴济河、大涧沟强渗漏带调引长江水、黄河水等各类水资源补源保泉，累计调水 1.65 亿立方米，有力保障了济南市泉水持续喷涌，保持了济南泉城名片形象。

根据山东省政府批复的《山东省地下水超采区综合整治实施方案》，到 2025 年将超采的深层承压水全部压减，地下水压采后替代水源主要依靠外调水源，南水北调工程为山东省地下水压采提供了替代水源，解了山东省超采区特别是受水区压采水源需求的后顾之忧。

山东省南水北调受水区地下水压采取得了很大成效。

2017 年共完成地下水压采量 8061 万立方米（浅层地下水 3845 万立方米、深层承压水 4216 万立方米），完成封井 1375 眼（浅层井 950 眼、深层承压井 425 眼），超额完成了受水区地下水压采任务。2018 年 1 月 1 日与 2017 年 1 月 1 日比较，受水区扣除降水因素的影响后，地下水水位回升 0.26 米。2018 年 1 月 1 日，全省平原区地下水平均埋深为 6.50 米，平原区地下水主要漏斗面积为 14190 平方公里，与 2016 年同期相比减少了 180 平方公里。

通水以来，线路长、建筑物多、规模大的南水北调工程运行经受了考验。

2017 年，原国务院南水北调工程建设委员会专家组对山东南水北调工程运行情况进行全面检查，认为东线一期山东段工程实现了规划供水目标，工程运行状况良好，较好地发挥了综合效益。在工程运行安全方面，山东境内泵站、水库、穿黄隧洞等重要建筑物工程运行状况总体良好；运行管理规范化和标准化建设满足运行需求。

34

历史将记住大运河和南水北调，未来不会忘记一个个惊喜画面：

2014 年 6 月，干旱侵袭了南四湖，湖区蓄水不足历年同期的两成，水位降至 2003 年以来最低，生态危机告急。虽然紧急调引了黄河水，但仍难以解决南四湖水位急剧下降的问题。8 月 5 日起通过南水北调东线一期工程从长江向南四湖实施生态应急调水，历时 20 天，入湖水量达到 8000 万立方米，南四湖水位回升，下级湖水位抬升至最低生态水位，湖面逐渐扩大，鸟类开始回归。2014 年、2015 年，先后通过南水北调东线一期工程山东段引长江水、引黄河水向南四湖补水 9536 万立方米。2016 年旱情持续，南四湖、东平湖水位接近生态红线，又调引江水向两个湖泊补水、存水 2 亿立方米，极大地改善了南四湖、东平湖的生产、生活、生态环境，避免了因湖泊干涸导致的生态灾难，从此因南水北调工程的通水彻底改变了南四湖、东平湖无法补源的历史……

济南多年以来的平均水资源总量约为 17.5 亿立方米，其中可利用量只有 11.6 亿立方米，人均水资源占有量仅为 290 立方米，不足全国的七分之一，是典型的资源型缺水城市，生态用水与生活、生产用水和保持泉水喷涌的矛盾尤为突出。自 2013 年南水北调东线一期工程正式竣工通水以来，每年可为济南市调引 1 亿立方米长江水，济南市利用调水工程预设的分水口，在枯水期向城内河流强渗漏带补水，完成了补源水源由单一地表水向多水源补给，补水周期由短期阶段补源向全年常态补源的巨大转变，为保持济南泉群持续喷涌、彰显城市特色、提升城市品质提供了重要的水源保障。本文截稿时，济南市利用南水北调配套工程分别向卧虎山水库、兴隆水库、小清河、兴济河和玉符河、大涧沟等重点渗漏带生态补水 13868 万立方米，有力改善了水生态环境……

2017 年 8 月 23 日，微山县摄影爱好者张磊在微山湖国家湿地公园深处，拍到了"鸟中大熊猫"震旦鸦雀。这种被列入国际鸟类红皮书的小精灵，生性活泼，对水质要求非常高。拍了 30 多年鸟、年过五十的张磊说，这样美妙的画面曾经出现在他的童年记忆里，已经难得一见。20 世纪 80 年代后期，以微山湖为主的南四湖周围建起造纸、化工、印染等小企业，仅梁济运河 90 公里长的河段上就有 5 家造纸厂，污水不经处理直排入湖，一湖清水染成"一缸酱油"，不少珍禽就此告别，一些鱼鸟几乎绝迹。为了换回一泓清水，微山县痛下决心治污。南水北调东线工程通水前，微山湖内的 5 个国控点位达到地表水Ⅲ类标准，基本恢复到 20 世纪 80 年代水平。林业专家介绍，常年有 200 多种鸟类在微山湖筑巢繁衍，数量达 15 万余只。绝迹多年的水雉、白枕鹤、东方白鹳等珍稀鸟类也重现微山湖……

2017 年 7 月 1 日，南水北调东线山东段工程开足马力，持续向青岛、烟台、威海、潍坊等四市应急调水，以缓解日益严重的旱情。2014 年至 2016 年，胶东地区降水明显偏少，能够形成径流的降水更少。大中型水库蓄水比同期偏少 52%，大部分水库在死水位以下，有的水库已经见底，出现了严重的资源性水危机，城市和工业供水必须通过外调水解决。自 2015 年开始，南水北调工程与胶东调水工程首次联合调度运行，持续向胶东地区输送南水、黄河水。2016 年 3 月南水送达山东省最东端的威海市。2016 年 3 月 1 日至 2017 年 6 月 30 日，南水北调胶东干线工程持续运行，工程效益显著发挥，向胶东地区大量调引长江水、黄河水，长江水已成为胶东地区城市供水安全的重要支撑……

南水北调为京杭运河提供了水源，保证长年有水通航；原来的京杭运河也为南水北调效益的实现发挥了重要作用。滔滔运河，述说民族图强的历史；悠悠长渠，再现中国梦想的历程。他们在华夏大地握手，他们在新时代接力，他们向更加美好的未来腾飞！

后记

　　至此，已完成南水北调系列作品《向人民报告——中国南水北调大移民》（中英文版）、《圆梦南水北调》《血脉——中国南水北调北京纪事》《龙腾中国——南水北调纪行》四部书的写作。深感欣慰，用心血、汗水和笔墨记录了国家巨型工程亦是世界最大调水工程的历程，记录了决策者、建设者、科技工作者和移民群众的真实故事；深感自豪，用忠诚、责任、求真、创新留下了在改革开放大潮中，在实现中华民族伟大复兴中国梦过程中的部分翔实历史。

　　今天的事必将成为明天的历史，世界上最大的调水工程南水北调也必将成为历史的印迹，书此写此，记此录此，愿有霞客之功，愿有司马之耀。此书截稿时，新时代水利人践行"节水优先、空间均衡、系统治理、两手发力"的治水方针，围绕"水利工程补短板、水利行业强监管"的改革发展总基调，弘扬"忠诚、干净、担当、科学、求实、创新"的水利精神，踏上新征程，开启新局面。蓬勃发展的水利事业，永远是作家的创作之源。

　　写书出书永远都有遗憾，不妥之处敬请朋友指正。感谢原国务院南水北调办公室领导、水利部领导，感谢我的文学朋友和读者，感谢我的妻子等亲人们。他们，关怀、鼓励、支持我执着前行！本书图片由南水北调中线干线工程建设管理局、南水北调东线总公司、中国水利报社等单位提供，一并感谢！

2019 年春

丹心湖（丹江口水库）

陶岔

沙河渡槽

穿黄工程

邢台七里河倒虹吸工程

石家庄市滹沱河生态补水

白洋淀生态补水

北京丹泉湖（团城湖）

江都水利枢纽

万年闸泵站

东线济平干渠

运河新貌

滕州湿地